プラズマ入門 第2版

川田 重夫 著

森北出版

● 本書の補足情報・正誤表を公開する場合があります．当社 Web サイト（下記）で本書を検索し，書籍ページをご確認ください．
https://www.morikita.co.jp/

● 本書の内容に関するご質問は下記のメールアドレスまでお願いします．なお，電話でのご質問には応じかねますので，あらかじめご了承ください．
editor@morikita.co.jp

● 本書により得られた情報の使用から生じるいかなる損害についても，当社および本書の著者は責任を負わないものとします．

[JCOPY]〈(一社)出版者著作権管理機構 委託出版物〉
本書の無断複製は，著作権法上での例外を除き禁じられています．複製される場合は，そのつど事前に上記機構（電話 03-5244-5088, FAX 03-5244-5089, e-mail: info@jcopy.or.jp）の許諾を得てください．

まえがき

　本書は，プラズマについて初めて勉強しようとする大学生や高専生，プラズマを専門とはしないが，プラズマについて興味をもち，知りたいと考えている技術者・社会人・大学院生などの初学者向けに書かれた．そのため，プラズマについてできるだけやさしく紹介し，理解を助けることを目標としている．

　宇宙の 99% はプラズマであるといわれている．雷や火花，放電現象，オーロラなどにもプラズマは関連している．太陽や宇宙に目を向けると，あらゆるところにプラズマ状態が見られる．将来のエネルギー源と目される核融合燃料もプラズマ状態になる．プラズマは，中性ガスと異なり，電荷をもつ粒子の集まりであり，「集団的にふるまう」ことが大きな特徴である．プラズマとは何か，どのような性質をもっているのかを理解でき，プラズマをどのように扱うかについて入門的な知識が得られれば，本書の目的は達成されたと著者は考えている．したがって，本書を読み始めるにあたって，プラズマについての予備知識は必要ない．本書を読み終えて，さらに専門的に勉強したい読者には巻末の参考書をお勧めする．

　本書は，つぎのように構成されている．まず，第 1, 2 章では，プラズマの基本的な性質について紹介している．プラズマが中性ガスと異なる集団的ふるまいをすることを理解してほしい．第 3 章では，プラズマを構成する 1 個の荷電粒子に注目し，それが電磁場中でどのようにふるまうかを概説する．第 4 章では，よく使う電磁場の方程式と特殊相対論についてまとめておいた．すでに学習された方は飛ばしていただいてよい．第 5, 6, 7 章ではプラズマを扱う手法について紹介する．第 5 章では，プラズマを流体と考えてマクロに扱う手法について紹介し，第 6 章では，分布関数によってプラズマをミクロに扱う手法を紹介する．第 7 章では，第 5, 6 章で得られた手法を，プラズマの不安定性の解析に適用する．第 8 章では，プラズマを利用するいくつかの具体的な例を紹介する．付録には，基本的な物理量の値や公式，簡単な複素関数論などの必要な数学的知識をまとめたので，必要に応じて参照してほしい．

　本書は，以前に近代科学社から出版した「プラズマ入門」をもとに，大学でのプラズマ工学などの講義録などを用いて，よりわかりやすくしようと第 2 版としてまとめ直したものである．第 2 版では，例題と解答を新たに設けて，理解の助けとした．また，初学者がこの本で勉強する際の手助けとするため，いくつかの新たな節を設けた．

　本書をまとめるにあたり，多くの方々にお世話になった．講義録などにコメントを寄せてくれた学部生，研究室でいっしょにプラズマと核融合の研究を行ってきた大学

院生に感謝する．とくに，著者が学生・助手時代に鍛えていただいた東京工業大学名誉教授の故 丹生慶四郎先生に感謝する．著者のプラズマに関する基礎は，丹生研究室に長年いる間に培われた．また，原稿の入力などをお願いした研究室の事務担当の飯田さん，中島さんにも感謝する．文章の読みにくいところなどを指摘してくれた家族にも感謝したい．最後に，本書第 2 版の出版にご尽力いただいた森北出版の二宮 惇氏，田中芳実氏に感謝する．

2016 年 6 月

著　者

目　次

第1章　プラズマの特徴　1
1.1　第4の状態としてのプラズマ …………………………………… 1
1.2　中性ガスとの違い ……………………………………………… 2
1.3　集団的ふるまい—デバイ遮蔽 ………………………………… 4
1.4　集団的ふるまい—プラズマ振動 ……………………………… 6
1.5　プラズマが集団的ふるまいをするための条件 ……………… 8
1.6　プラズマのクーロンカップリングパラメータ ……………… 9
演習問題 ……………………………………………………………… 10

第2章　平衡状態のプラズマ　11
2.1　統計力学とプラズマ …………………………………………… 11
2.2　マクスウェル分布 ……………………………………………… 13
2.3　プラズマの密度 ………………………………………………… 17
2.4　クーロン衝突 …………………………………………………… 19
2.5　プラズマの温度 ………………………………………………… 22
演習問題 ……………………………………………………………… 23

第3章　1個の荷電粒子の運動　24
3.1　運動方程式 ……………………………………………………… 24
3.2　サイクロトロン運動 …………………………………………… 25
3.3　ドリフト運動 …………………………………………………… 26
3.4　磁気モーメント ………………………………………………… 28
演習問題 ……………………………………………………………… 30

第4章　電磁場の方程式　31
4.1　ポアソン方程式 ………………………………………………… 31
4.2　マクスウェル方程式 …………………………………………… 31
4.3　ポテンシャル …………………………………………………… 35
演習問題 ……………………………………………………………… 36

第5章　プラズマの流体的取り扱い　37
5.1　基礎方程式 ……………………………………………………… 37
5.2　電子プラズマ波 ………………………………………………… 40
5.3　イオン波 ………………………………………………………… 43

5.4	電　磁　波	44
5.5	電磁流体力学 (MHD) 方程式	47
5.6	磁場の凍結	50
演習問題		51

第6章　プラズマの分布関数による取り扱い　52
6.1	ヴラソフ方程式	52
6.2	平　衡　解	55
6.3	誘電応答関数	57
6.4	プラズマ振動とデバイ遮蔽	61
6.5	電子プラズマ波とランダウ減衰	63
6.6	ランダウ減衰の物理的意味	64
6.7	横波の分散関係への導入	66
演習問題		68

第7章　プラズマの不安定性　69
7.1	二流体不安定性	69
7.2	イオン音波不安定性	73
7.3	ソーセージ不安定性	74
7.4	交換不安定性	76
7.5	レーリー・テーラー不安定性	77
演習問題		79

第8章　プラズマの利用と応用　80
8.1	プラズマプロセス	80
8.2	プラズマジェット	81
8.3	探針法によるプラズマの電子温度の測定	82
8.4	核融合への応用	84
8.5	レーザーによる粒子加速	95
演習問題		97

付　録　98
A	物理量の値と数学公式	98
B	複素関数論	102
C	クーロン衝突断面積	108

演習問題略解　110
参考文献　113
索　引　114

第1章 プラズマの特徴

　プラズマは荷電粒子の集団である．プラズマ中ではプラスとマイナスの電荷量はほぼ等しく，全体として中性になっている．プラズマの特徴は，集団的ふるまいをすることである．ミクロに見ると，荷電粒子間にはクーロン力がはたらいていることが，中性ガスとは異なる．クーロン力は，遠くまで力を及ぼす遠距離力であるため，中性ガスに見られない集団的ふるまいを引き起こす．荷電粒子を含むプラズマは，第4の状態とよばれる．

　本章では，プラズマの基本的な特徴について紹介する．プラズマが集団的ふるまいをすること，そして，なぜ集団的ふるまいをするのかを考えることが，本章の目的である．

　本書で使う静電場を求めるためのポアソン方程式などについては，参考文献 [24] などの電磁気学の教科書を参照されたい．

1.1 第4の状態としてのプラズマ

　プラズマは，1928年頃にアメリカのラングミュア（Irving Langmuir）によって「plasma」という名を与えられた．「plasma」という単語はギリシア語の「形づくられたもの」という意味をもつ語に由来する．

　プラズマとは，「荷電粒子を含んだほぼ中性の粒子集団」とおおむね定義できる．たとえば，氷点下での氷を考えてみよう．この氷はいうまでもなく固体状態にある．氷に熱を加えていくと，0°Cを境にして液体状態の水になる．さらに熱を加えると，100°Cで沸騰して気体状態の水蒸気になる．気体状態では，水の分子あるいは分子が解離した原子が，熱運動をし，中性ガスとしてのふるまいを示す．水の分子や原子が自分自身の大きさ程度にまで近づくと，実際に物理的に衝突する．気体状態の水をさらに加熱すると，水を構成する原子の電子が電離エネルギー以上のエネルギーを得て電離される．水素の場合は，約 13.6 eV のエネルギーで水素原子の電子は電離される[†1]．この電離された状態は「プラズマ状態」とよばれる．プラズマ状態は，固体，液体，気体に続く状態という意味で，「第4の状態」ともよばれる（図1.1参照）．

　電離状態にあるプラズマに含まれる粒子は，必ずしもすべての粒子が電離状態にあ

[†1] eV はエネルギーの単位．$1\,\text{eV} \sim 1.6022 \times 10^{-19}\,\text{J}$（ジュール）．プラズマでは，エネルギーを表現するために eV を使うことが多い．1 eV の温度はおおよそ 11,604 K（ケルビン）に相当する．

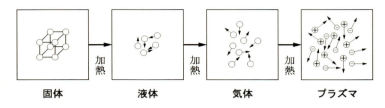

図 1.1 第 4 の状態——プラズマ
固体を加熱していくと，液体，気体そして電離状態のプラズマになる．記号○は中性の分子あるいは原子を表し，＋はイオン，－は電子，矢印は速度を表す．プラズマは全体としては電気的に中性であるが，一つひとつの粒子は電荷をもち，クーロン相互作用をする．

るわけではなく，部分的に電離したプラズマ状態も存在する．

プラズマはどんなところに見られるのであろうか．我々の身近なところでは，部屋を明るくしている蛍光管中や，稲妻や，炎などにプラズマ状態が見られる．上空には電離層があり，電波をはね返す．これも，その名からわかるようにプラズマである．宇宙に目を向ければ，星間ガスがプラズマであり，太陽コロナもそうである．また，将来のエネルギー源として研究の行われている核融合において，その燃料はプラズマ状態になる．これについては，後にプラズマの応用として説明する．このように，「宇宙の 99％以上はプラズマ状態にある」といわれるほど，プラズマはさまざまなところに存在する．

このプラズマの特徴的な性質について考えていこう．

1.2　中性ガスとの違い

前節でも見たように，プラズマは電離状態にあり，構成粒子が電荷をもっている．この点が中性ガスと異なる．そして，この違いのためにプラズマはプラズマ特有の集団的ふるまい (collective behaviour) をする．

中性ガスにおいては，粒子間の相互作用は，物理的に衝突したとき，つまり，2 個の中性粒子が粒子の大きさ程度まで接近したときに生じる．粒子はそれぞれランダムに運動し，接近しては衝突し，また運動を続ける．したがって，中性粒子は個別に運動を行い，中性粒子が一斉に集団として動くようなことはない．

一方，プラズマにおいては構成粒子が電荷をもっていて，粒子間の相互作用はクーロン力を通じて生じる．一つの電荷 q_1 が自分のまわりにつくる電場 E は

$$E = \frac{q_1}{4\pi\epsilon_0 r^2} \tag{1.1}$$

で与えられ，距離 r が大きいところまで作用する．「大きい」というのは，中性粒子の

相互作用する距離が，粒子の大きさ程度だったことにくらべて大きいということである．このため，クーロン力は長距離力とよばれる．q_1 のまわりにいる粒子，たとえば，q_2 の電荷をもつ粒子は $q_2 E$ の力を受けて運動する．つまり，クーロン力（クーロン相互作用）を受ける．

このようなクーロン相互作用，つまり，長距離力による相互作用をする場合，中性ガスの場合と異なり，粒子は集団的ふるまいをする．もちろんプラズマでも，中性ガスのところで説明したように，個々の粒子が衝突して，相互作用をするような個別的ふるまいもする．その他に，プラズマは集団的ふるまいをする，ということである．それでは，集団的ふるまいとはいったいどういうことであろうか．それは，1) デバイ遮蔽, 2) プラズマ振動, の二つの例に代表される現象である．この二つについては次節以降で詳しく説明するので，ここでは簡単に述べる．

たとえば，図 1.2(a) のように，何らかの原因でプラズマ中にプラスの電荷の過剰な場所ができたとしよう．すると，電場が矢印のようにできる．そうなると，図 (b) のように，つぎの瞬間マイナスの電荷は過剰なプラスの電荷に引き寄せられ，電場を打ち消そうとする．この様子は図 (b) の図中に矢印で示してある．この例のように，マイナスの電荷であれば，そのマイナスの電荷が集団でふるまおうとする．これが集団的ふるまいとよばれるものである．

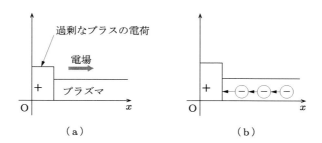

図 1.2　プラズマの集団的ふるまい
過剰なプラスの電荷 (+) が何らかの原因でできると電場が生じ (a)，この電場によって，たとえばマイナスの電荷 (−) は引き寄せられ (b)，電場を遮蔽する (デバイ遮蔽)．引き寄せられたマイナスの電荷 (−) は左側に行きすぎ，左方向の電場をつくり，右側に戻され振動を行う (プラズマ振動)．

この集団的ふるまいの結果，図 (a) で過剰であったプラスの電荷は，マイナスの電荷によって取り囲まれることになる．そのため，過剰であったプラスの電荷のつくる電場は，取り囲んだマイナスの電荷によって遮蔽され，遠くまで届かなくなる．これがデバイ遮蔽とよばれる現象である．

また，プラスの電荷に引き寄せられたマイナスの電荷の集団が，雲のように動いて

きて，ちょうどプラスの電荷に重なるが，このときにはすでに速度をもっている．そのため，重なったつぎの瞬間，マイナスの電荷の雲は，図 (b) でいえば左側へ行きすぎることになる．すると，プラスの電荷から，左向きの電場による力を受け，また引き寄せられることになり，右側に戻される．この振動が繰り返される．これが電子のプラズマ振動とよばれる現象である．

これら二つの現象の例は，プラズマが中性になろうとする性質をもっていることから生じる．それでは，この二つの現象をより詳しく考えてみよう．

1.3 集団的ふるまい——デバイ遮蔽

この節では，図 1.2 で紹介したプラズマの集団的ふるまいの一つであるデバイ遮蔽について考えてみる．

図 1.3 のように，全体として中性のプラズマ中に，外から $+q_T$ の電荷を導入することを考える．$+q_T$ はプラズマ中に余分な電場を形成し，この電場によって，プラスの電荷をもつイオンは遠ざかり，マイナスの電荷をもつ電子は近づく．

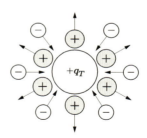

図 1.3 デバイ遮蔽
全体として中性だったプラズマに，外から $+q_T$
の電荷が導入されたとき，プラズマ中の粒子は
$+q_T$ の効果を打ち消そうとして集団で動く．

一般にイオンと電子とでは，電子のほうがずっと軽く動きやすいため，簡単のために，イオンは動かないとして，イオン粒子密度は空間的に一様に n_0 で分布していると考えていく．

プラズマ中の電子が温度 T の熱平衡状態にある場合を考える．すると，電子の粒子密度分布は

$$n_e = n_0 \exp\left\{-\frac{(-e)\varphi}{T}\right\} \tag{1.2}$$

で与えられる (式 (2.22) 参照)[†1]．いまはこの式の導出を詳しくは述べないが，第 2 章で述べる．ここではまず，与えられたものと考えてほしい．φ はクーロンポテンシャルを，$-e$ は電子の電荷を表す．この式 (1.2) の導出はここではわからなくても，この式 (1.2) を見ると，プラズマ中に外乱として導入された電荷 $+q_T$ の効果が導入されていることがわかる．つまり，式 (1.2) では，その電荷 $+q_T$ の近傍で，静電ポテンシャル φ がプラスになると考えられる．そして，そのプラスのポテンシャルに引き寄せられて，周りの電子がその分だけ密度を増やしていると理解できる．外乱の電荷 $+q_T$ から十分遠いところでは，ポテンシャル φ がゼロで，n_0 で分布しているイオンと同じ密度で，電子も分布していると考えられる．式 (1.2) はこの様子を的確に表しているものと考えられる．ここで，以下の場合を考える．

$$\frac{e\varphi}{T} \ll 1 \tag{1.3}$$

すると，式 (1.2) は

$$n_e \sim n_0 \left(1 + \frac{e\varphi}{T}\right) \tag{1.4}$$

と近似できる．いま，考えている系のポテンシャル分布を得るため，ポアソン方程式を用いる．1 次元球対称性を仮定すれば，ポアソン方程式は

$$\nabla^2 \varphi = \frac{1}{r^2}\frac{d}{dr}\left(r^2 \frac{d\varphi}{dr}\right) = -\frac{(n_i - n_e)e}{\epsilon_0} = \frac{n_0 e^2}{\epsilon_0 T}\varphi \tag{1.5}$$

となる[†2]．ここで，$n_i = n_0$ として，式 (1.4) の近似を用いた．さらに，$+q_T$ の電荷は $r = 0$ に存在するとした．式 (1.5) は，$r = 0$ 近傍ではあるが，$r = 0$ 以外のところで成り立つ式である．また，ここで，

$$\lambda_D \equiv \sqrt{\frac{T\epsilon_0}{n_0 e^2}} \sim 743 \times \sqrt{\frac{T[\text{eV}]}{n[\text{cm}^{-3}]}}\ [\text{cm}] : \text{デバイ長} \tag{1.6}$$

なるパラメータを導入して[†3]，式 (1.5) の両辺に r を掛けると，

$$\frac{1}{r}\frac{d}{dr}\left(r^2 \frac{d\varphi}{dr}\right) = \frac{d^2(r\varphi)}{dr^2} = \frac{r\varphi}{\lambda_D^2} \tag{1.7}$$

を得る．$r\varphi$ が $\exp(ar)$ に比例していると仮定して式 (1.7) に代入すると，$a^2 = 1/\lambda_D^2$

[†1] 本書では，温度 T をエネルギーの単位で扱う．通常の定義では，式 (1.2) での温度 T は $k_B T$ とボルツマン定数を掛けて用いる．プラズマでは，$k_B T$ を T と書き直して用いることが多い．本書でもこれに従う．なお，$k_B T$ の単位は，SI 単位では，J であるが，プラズマでは，eV を用いることが多い．
[†2] 付録 A.3 の微分演算子の球座標系での成分表示を参照のこと．
[†3] プラズマでは SI 単位系を用いる場合も多いが，エネルギーでは eV をよく用い，粒子密度などでは cm^{-3} などの CGS ガウス単位系を用いる場合もある．

が求まる．これより，$a = \pm 1/\lambda_D$ であるから

$$\varphi = \frac{C_\pm}{r} \exp\left(\pm \frac{r}{\lambda_D}\right) \tag{1.8}$$

なる解が求まる．$C_\pm$ は積分定数である．$r \to \infty$ で $\varphi \to 0$ になる解がほしいから，$-$ の符号を採用することになり，$C_+ = 0$ である．また，いま $r = 0$ に $+q_T$ の電荷があるとしたから，$r \to 0$ で $\varphi \to q_T/(4\pi\epsilon_0 r)$ とならなければならない．そのため，式 (1.8) 中の積分定数 C_- は $q_T/(4\pi\epsilon_0)$ となることがわかる．

こうして，式 (1.8) は

$$\varphi = \frac{q_T}{4\pi\epsilon_0 r} \exp\left(-\frac{r}{\lambda_D}\right) \tag{1.9}$$

となる．これは，q_T が一つだけ真空中に存在したときにつくる生のポテンシャル $q_T/(4\pi\epsilon_0 r)$ を，プラズマが $\exp(-r/\lambda_D)$ の係数だけ遮蔽したことを表現している．生のポテンシャルがプラズマ中で届く距離，すなわち，遮蔽の距離はほぼ λ_D であることが，式 (1.9) より理解できる．このとき，式 (1.6) で定義される λ_D は，**デバイ長（デバイの長さ）** とよばれる．$k_D \equiv 2\pi/\lambda_D$ を**デバイ波数**とよぶ．

ここで見た集団的ふるまいの一つであるデバイ遮蔽は，図 1.3 でもわかるように，電荷が中性からずれると粒子が集団で協同して，そのずれを減らそうとする性質から生じる．

例題 1.1 ▶ 式 (1.6) を用いて，つぎの三つの例における，デバイ長を求めよ．太陽からの太陽風の場合，電子密度は $10^1 \mathrm{cm}^{-3}$ 程度，温度が $10 \mathrm{keV}$ 程度である．電離層の場合，電子密度は $10^6 \mathrm{cm}^{-3}$ 程度，温度が $0.1 \mathrm{eV}$ 程度である．核融合プラズマ，とくに，慣性核融合とよばれる核融合プラズマの場合，電子密度は $10^{25} \mathrm{cm}^{-3}$ 程度，温度が $10 \mathrm{keV}$ 程度である．

解答 ▶ 式 (1.6) にそれぞれの値を代入すると，デバイ長は，太陽風では $230 \mathrm{m}$ 程度，電離層では $0.23 \mathrm{cm}$ 程度，慣性核融合プラズマでは $2.3 \times 10^{-8} \mathrm{cm}$ 程度である．温度と密度によって，遮蔽する距離，つまり，デバイ長は大きく異なる．

1.4 集団的ふるまい——プラズマ振動

この節では，前に簡単に紹介したプラズマ振動について考え，振動数を導出してみる．プラズマ振動も，プラズマの重要な特徴である集団的ふるまいの一つである．

いままでに見たように，プラズマはプラスとマイナスの電荷から成り立ち，全体として電気的に中性になっている．もし，電荷のかたよりが生じると，クーロン力によっ

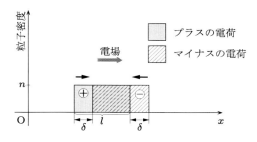

図 1.4 プラズマ振動

＋と − の電荷がずれると (➡) のように電場が生じ，＋ 電荷を (→) 方向に，− の電荷を (←) 方向に引き寄せようとして，中性を保とうとする．ちょうど ＋ と − が重なったときには，すでにそれぞれ速度をもっている．そのため，たがいに行きすぎ，図とは左右逆の状態が生じて，振動が繰り返される．

てそのかたよりを打ち消そうとする．

図 1.4 のように，プラスとマイナスの電荷がずれたとすると，図中の (➡) のように電場が生じる．この電場により，プラスの電荷は (→) 方向に，マイナスの電荷は (←) 方向に力を受け運動する．この運動により，電荷のずれは消される．しかし，プラスとマイナスの電荷がちょうど重なったときは，それぞれ (→) と (←) 方向の速度をもってしまうため，つぎの瞬間，プラスとマイナスの電荷は図とは逆にずれ始める．すると，電場が図とは逆方向に生じ，上と同様に，電荷のずれを打ち消そうとする．こうして，プラズマでは，電荷のかたまりが振動を起こすことがわかった．この振動がプラズマ振動である．

それでは，図 1.4 に示した場合に対して振動数を求めてみよう．簡単のために，動きは x 方向のみの 1 次元とする．また，イオンは電子にくらべて重くて動きにくいので動かないとして，電子のみが振動するとしよう．図 1.4 は，電子が変位 δ だけずれた状態を表す．

図 1.4 の状態の場合に生じる電場 E は，ポアソン方程式

$$\frac{dE}{dx} = \frac{ne}{\epsilon_0} \tag{1.10}$$

より，

$$E = \frac{ne\delta}{\epsilon_0} \tag{1.11}$$

と求まる．電子のずれである変位 δ の時間的なふるまいは，電子の運動方程式

$$m_e \frac{d^2\delta}{dt^2} = -eE = -\frac{ne^2\delta}{\epsilon_0} \tag{1.12}$$

で表される．これは，

$$\frac{d^2\delta}{dt^2} + \left(\frac{ne^2}{m_e\epsilon_0}\right)\delta = 0 \tag{1.13}$$

と書き換えられる．この式は調和振動の式であり，振動数は

$$\omega_{pe} = \sqrt{\frac{ne^2}{m_e\epsilon_0}} \sim 5.64 \times 10^4 \sqrt{n_e[\mathrm{cm}^{-3}]} \ [\mathrm{rad/s}] \tag{1.14}$$

である．これが電子プラズマ（角）振動数 ω_{pe} である．

例題 1.2 ▶ 式 (1.14) を用いて，つぎの三つの例における，プラズマ振動数を求めよ．太陽からの太陽風の場合，電子密度は $10^1\,\mathrm{cm}^{-3}$ 程度である．電離層の場合，電子密度は $10^6\,\mathrm{cm}^{-3}$ 程度である．核融合プラズマ，とくに，慣性核融合とよばれる核融合プラズマの場合，電子密度は $10^{25}\,\mathrm{cm}^{-3}$ 程度である．

解答 ▶ 式 (1.14) に電子密度の値を代入すると，プラズマの振動数は，太陽風では $1.8 \times 10^5\,\mathrm{rad/s}$ 程度，電離層では $5.6 \times 10^7\,\mathrm{rad/s}$ 程度，慣性核融合プラズマでは $1.8 \times 10^{17}\,\mathrm{rad/s}$ 程度である．粒子密度によって，プラズマ振動数も大きく異なる．

1.5 プラズマが集団的ふるまいをするための条件

1.3，1.4 節で集団的ふるまいについて見てきたように，プラズマは電荷をもった粒子の集合であるため，中性ガスとは異なる特異な性質をもつ．すなわち，プラズマ振動やデバイ遮蔽のような集団的な現象があらわれる．

このような集団的ふるまいをするために，どのような条件が必要だろうか．

一つには，プラズマとしての性質をあらわすためには，プラズマ自身の大きさ L が λ_D より十分大きくなければならない．

$$L \gg \lambda_D \tag{1.15}$$

図 1.3 のプラズマ中でのデバイ遮蔽の現象では，$+q_T$ の電荷をもつイオンの周りに多くの電子が引き寄せられて，$+q_T$ の電荷を遮蔽する現象である．

ほかにも，たとえば，デバイ長の半径の中に，電子が 1 個，あるいはそれ以下の数しかない場合であれば，デバイ遮蔽という概念は成り立たなくなると考えられる．すなわち，デバイ長を半径とする球の中に多くの電子が存在しない限り，プラズマとしての集団的ふるまいは生じない．デバイ球の中に存在する粒子数を N_D として計算してみると，

$$N_D = n\frac{4\pi\lambda_D^3}{3} \tag{1.16}$$

となる．ここで，n は粒子密度である．したがって，

$$N_D \gg 1 \tag{1.17}$$

もプラズマとしての集団的ふるまいを示すための条件になる．

1.6 プラズマのクーロンカップリングパラメータ

ここで，プラズマのクーロン相互作用の強さの度合いを表現するために導入されたカップリングパラメータ Γ を紹介する．

電荷 q で粒子（数）密度 n のプラズマを考える．1個の粒子の占める体積の平均半径を a とすると，$4\pi a^3 n/3 \sim 1$ になると考えられる．したがって，1個の粒子の平均半径 a は，おおまかには

$$a \sim \left(\frac{3}{4\pi n}\right)^{1/3} \tag{1.18}$$

と見積もられ，1個の粒子の担うクーロンエネルギーは，おおよそ

$$\frac{q^2}{4\pi\epsilon_0 a} \tag{1.19}$$

と考えられる．温度 T のプラズマの運動エネルギー（熱エネルギーに相当）とこのクーロンエネルギーの比を，カップリングパラメータ Γ とよぶ．

$$\Gamma \equiv \frac{\frac{q^2}{4\pi\epsilon_0 a}}{T} \sim 2.32 \times 10^{-7} \frac{(n[\mathrm{cm}^{-3}])^{1/3}}{T[\mathrm{eV}]} \tag{1.20}$$

このカップリングパラメータ Γ と，式 (1.16) で導入したパラメータ N_D とは

$$N_D = \frac{1}{3\Gamma^{3/2}} \tag{1.21}$$

なる関係がある．この関係から，クーロン相互作用が弱く，運動エネルギーが比較的大きなプラズマの場合は，$\Gamma \ll 1$ であるため，$N_D \gg 1$ となり，プラズマとしての集団運動がよくあらわれることになる．

$\Gamma \ll 1$ であれば，クーロン力が粒子の運動エネルギーにくらべて小さくなる．すると，電子が原子核のクーロン引力に打ち勝って，原子核に捕獲されない．つまり，イオンは中性粒子にならず，プラズマの状態を保てる．このことからも，通常のプラズマであれば，$\Gamma \ll 1$ が成り立つと類推できる．

一方，$\Gamma \sim 1$ の場合，あるいは，$\Gamma > 1$ の場合は，$N_D \leq 1$ となり，もはや集団運動を起こすことを期待できなくなる．このような特殊なプラズマは，強く結合してい

るため，強結合プラズマとよばれる．この強結合プラズマに関しては，おもしろい研究がなされてきているが，本書では扱わない．興味のある読者は参考文献 [9] などを手がかりとして調べることを勧める．

例題 1.3 ▶ 式 (1.20) を用いて，つぎの三つの例におけるクーロンカップリングパラメータ Γ の値を求めよ．太陽からの太陽風の場合，電子密度は $10^1\,\mathrm{cm}^{-3}$ 程度，温度が $10\,\mathrm{keV}$ 程度である．電離層の場合，電子密度は $10^6\,\mathrm{cm}^{-3}$ 程度，温度が $0.1\,\mathrm{eV}$ 程度である．核融合プラズマ，とくに，慣性核融合とよばれる核融合プラズマでは，電子密度は $10^{25}\,\mathrm{cm}^{-3}$ 程度，温度が $10\,\mathrm{keV}$ 程度である．

解答 ▶ 式 (1.20) に電子密度と電子温度の値を代入すると，Γ は太陽風では 5×10^{-11} 程度，電離層では 2.3×10^{-4} 程度，慣性核融合プラズマでは 5×10^{-3} 程度である．これらの例でも，クーロンカップリングパラメータは十分小さく，$\Gamma \ll 1$ であることが確認できる．

▶▶ 演習問題

1.1 熱平衡状態にある気体の電離状態は，サハ (Saha) 方程式

$$\frac{n_e n_i}{n_n} = 6.0 \times 10^{21} T_e^{1.5} \exp\left(-\frac{E_I}{T_e}\right)$$

で求められる．ただし，n_n は中性原子の粒子密度 $[\mathrm{cm}^{-3}]$，$n_e\,[\mathrm{cm}^{-3}]$ は電子密度，$n_i\,[\mathrm{cm}^{-3}]$ はイオンの密度を表し，T_e は電子の温度 $[\mathrm{eV}]$ を表すものとする．n_i/n_n が電離度を表すと考えられる．粒子密度が $10^{19}\,\mathrm{cm}^{-3}$ 程度の水素ガスの電離度を，さまざまな温度に対して求めよ．ただし，E_I は電離エネルギーで，水素の場合 $13.6\,\mathrm{eV}$ とし，$n_i = n_e$ として計算せよ．

1.2 式 (1.6) のデバイ長 λ_D において，ϵ_0 と e に具体的数値を入れて，式 (1.6) を確かめよ．

1.3 式 (1.14) の電子プラズマ振動数 ω_{pe} において，ϵ_0，電子の質量 m_e，e に具体的な数値を入れて，式 (1.14) を確かめよ．

第2章
平衡状態のプラズマ

　プラズマには，マクロ（巨視的）な量の変化を支配する流体方程式を用いて取り扱う手法（第5章で用いる手法）と個々の粒子をミクロ（微視的）に取り扱う統計力学的手法（第6章で用いる手法）がある．

　第5～8章でプラズマについて詳しく考える前に，本章ではプラズマに関連した基本的な物理量などについてふれておこう．基本的な物理量とは，粒子（数）密度，電荷密度，温度，速度分布関数などのことである．これらについて考えたのち，荷電粒子間の衝突，クーロン衝突についても考えてみよう．

　本章を勉強する前に，分布関数など，統計力学についての知識を学びたい読者には，参考文献 [20] の統計力学の教科書などを勧める．

2.1　統計力学とプラズマ

　プラズマのような多数の粒子群を取り扱うための手法として，大きく二つの手法がある．マクロな手法とミクロな手法である．流体モデルでは，温度や圧力，粒子密度などのマクロな量を中心に取り扱う．もう一つの手法として，一つひとつの粒子の性質から全体の説明を行おうとするミクロな手法がある．統計力学では，このミクロな手法を用いる．

　図2.1のように，プラズマ中では，個々の粒子はそれぞれの速度をもち，動き回っている．もし，プラズマ中に非常に多数の粒子が含まれれば，平均化すると粒子密度，温度，圧力などが求めることができると思われる．粒子数が少ないと，平均化した値は時間的にふらつくであろうが，非常に多い数の粒子があるとすると，平衡状態のプ

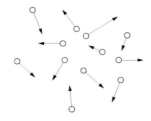

図2.1　プラズマ中の粒子は，それぞれの速度をもって動き回っている．

ラズマの温度や密度を求めることができる．

プラズマの個々の粒子が，時刻 t において場所 $\boldsymbol{x}$ でどれくらいの速度 $\boldsymbol{v}$ をもって動いているのかがわかれば，ミクロにプラズマの状態を把握できる．これを表すために，速度分布関数 $f(t,\boldsymbol{x},\boldsymbol{v})$ を用いると便利である．

速度分布関数 $f(t,\boldsymbol{x},\boldsymbol{v})$ を速度空間で積分すると，時刻 t で場所 $\boldsymbol{x}$ にはどれだけの数の粒子が存在するのかがわかるはずである．つまり，時刻 t で場所 $\boldsymbol{x}$ における粒子密度 n が求められることになる．

$$n = \iiint_{-\infty}^{\infty} f(t,\boldsymbol{x},\boldsymbol{v}) dv_x\, dv_y\, dv_z \tag{2.1}$$

ミクロな量である $f(t,\boldsymbol{x},\boldsymbol{v})$ を平均化することで，マクロな量である粒子密度 n が求められたことになる．

それでは，多くの粒子について平均した平均的な速度，つまり，マクロな速度 $\langle \boldsymbol{v} \rangle$ を求めてみよう．ここで，$\langle\ \rangle$ は平均をとることを意味する．

$$\langle \boldsymbol{v} \rangle = \frac{1}{n} \iiint_{-\infty}^{\infty} \boldsymbol{v} f(t,\boldsymbol{x},\boldsymbol{v}) dv_x\, dv_y\, dv_z \tag{2.2}$$

図 2.2 のように，原点について左右対称である場合，明らかに $\langle \boldsymbol{v} \rangle = 0$ となる．つぎに，$\boldsymbol{v}^2$ について，分布関数 $f(t,\boldsymbol{x},\boldsymbol{v})$ を掛けて，速度空間で積分してみる．個々の粒子の運動エネルギーは $m\boldsymbol{v}^2/2$ なので，$m/2$ を掛けて運動エネルギーの平均を求めてみる．

$$\left\langle \frac{m\boldsymbol{v}^2}{2} \right\rangle = \frac{1}{n} \iiint_{-\infty}^{\infty} \frac{m\boldsymbol{v}^2}{2} f(t,\boldsymbol{x},\boldsymbol{v}) dv_x\, dv_y\, dv_z \tag{2.3}$$

いまは具体的に分布関数 $f(t,\boldsymbol{x},\boldsymbol{v})$ の表式を与えていないので，これ以上計算することはできないが，式 (2.3) より，プラズマの個々の粒子の運動エネルギーを平均する

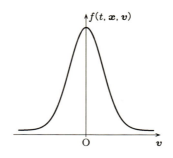

図 2.2　速度分布関数

と，平均運動エネルギーが求まる[†1]．平均運動エネルギーの具体的な値はのちに求めるが，結果だけをまずここに記す．平均運動エネルギーは，温度 T のプラズマの場合，$\langle mv^2/2 \rangle = 3T/2$ となる．これは，熱力学における温度 T の気体の平均運動エネルギーの式そのものである．

2.2 マクスウェル分布

前節でも見たように，熱力学的平衡状態にあるプラズマが温度 T をもつ場合を考える．このとき，プラズマ中の粒子（イオンと電子）は，個々にそれぞれの速度をもって動きまわっている．決して，すべての粒子が同じ速さをもち，同じ方向に動くわけではない．温度 T は，すべての粒子の運動エネルギーを平均化した量で与えられる．理想ガスの場合は，

$$\frac{3}{2}T = \left\langle \frac{mv^2}{2} \right\rangle \tag{2.4}$$

のように表される．ここで，温度 T はエネルギー単位で測られている．m はプラズマを構成する粒子の質量である．

ところで，プラズマの粒子それぞれが，速度空間でどのように分布しているかを表すのが速度分布関数 $f(t, \boldsymbol{x}, \boldsymbol{v})$ であった．この分布関数について調べてみよう．

量子力学によれば，粒子のもつエネルギーを E として，分布関数 $f(E)$ は

$$f(E) = \frac{1}{A \exp\left(\dfrac{E}{T}\right) \pm 1} \tag{2.5}$$

で与えられる (詳しくは量子力学の本を参照されたい[†2])．式 (2.5) の分母の ＋ は，電子や陽子などのフェルミ粒子の分布を示し，フェルミ–ディラック分布関数 (Fermi–Dirac distribution function) とよばれる．－ は，ヘリウム (^{4}He) や光子などのボーズ粒子の分布を示し，ボーズ–アインシュタイン分布関数 (Bose–Einstein distribution function) とよばれる．ここで，いま我々が考えている場合のプラズマでは

[†1] 式 (2.1)，(2.2)，(2.3) は，それぞれ分布関数 $f(t, \boldsymbol{x}, \boldsymbol{v})$ に速度 $\boldsymbol{v}$ の 0 乗，1 乗，2 乗を掛けている．そのため，これらを $\boldsymbol{v}$ に関する $f(t, \boldsymbol{x}, \boldsymbol{v})$ の 0 次モーメント，1 次モーメント，2 次モーメントなどとよぶ場合がある．

[†2] 量子力学では，電子や光が粒子としての性質と，波としての性質を合わせもつとされている．また，エネルギーが飛び飛びの値をもつというエネルギー量子という考え方が導入された．電子 1 個や光の粒 1 個を取り扱うとき，量子力学を必要とする場合がある．そのような場合，電子などのようなフェルミ粒子とよばれる粒子は，ある量子状態には一つの粒子しか入れない．光などはボーズ粒子とよばれ，一つの量子状態に入れる粒子数には制限がない．

$$A \exp\left(\frac{E}{T}\right) \gg 1 \tag{2.6}$$

が成り立っていて,

$$f(E) = \frac{1}{A} \exp\left(-\frac{E}{T}\right) \tag{2.7}$$

と書くことができるとしよう．つまり，古典的な場合のみについて考えていく[†1]．これは古典的な分布関数ともよばれ，エネルギー E をもった粒子が $f(E)$ の量だけあることを示している．自由に動いている粒子のエネルギー E は運動エネルギーであり，

$$E = \frac{m}{2}(v_x^2 + v_y^2 + v_z^2) \tag{2.8}$$

と書ける．たとえば，静電場などがあるような場合では，式 (2.8) の右辺にはそのポテンシャルがつくことになる．

さて，式 (2.7) の右辺の係数 $1/A$ はどのような値をもつのであろうか．この係数の表式を求めるのはそれほど難しくない．前章でも見たように，$f(E)$ すなわち $f(\boldsymbol{v})$ は，速度空間における分布を示しているのであり，$f(\boldsymbol{v})$ を速度空間全体について積分すると，ある場所 (x,y,z) の点における粒子密度 n が求まる．つまり，

$$\iiint_{-\infty}^{\infty} \frac{1}{A} \exp\left\{-\frac{m(v_x^2 + v_y^2 + v_z^2)}{2T}\right\} dv_x\, dv_y\, dv_z \tag{2.9}$$

を実行すれば，粒子密度 n に等しくなる．式 (2.9) は，v_x, v_y, v_z それぞれについて独立に積分できるので，以下の積分が実行できればよい．積分公式（付録 A.5 参照）より

$$\int_{-\infty}^{\infty} \exp\left(-\frac{mV^2}{2T}\right) dV = \sqrt{\frac{2\pi T}{m}} \tag{2.10}$$

と求められるので，式 (2.9) は

$$\frac{1}{A}\left(\frac{2\pi T}{m}\right)^{3/2} = n \tag{2.11}$$

となり，A の値が決定できた．最終的に式 (2.7) の分布関数は

$$f(v_x, v_y, v_z) \equiv f(\boldsymbol{v}) = n\left(\frac{m}{2\pi T}\right)^{3/2} \exp\left\{-\frac{m(v_x^2 + v_y^2 + v_z^2)}{2T}\right\} \tag{2.12}$$

のように求まる．この分布はマクスウェル分布とよばれ，熱平衡状態にある粒子の速度空間における分布を表す．

[†1] 本書では，量子効果があらわれないプラズマを対象としている．

例題 2.1 ▷ 式 (2.10) を導出せよ.

解答 ▶ $I = \int_{-\infty}^{\infty} \exp(-ax^2)dx$ とおいて,

$$I^2 = \int_{-\infty}^{\infty} \exp(-ax^2)dx \times \int_{-\infty}^{\infty} \exp(-ay^2)dy$$
$$= \iint_{-\infty}^{\infty} \exp\{-a(x^2+y^2)\}dx\,dy$$

ここで, $x^2 + y^2 = r^2$ とおいて, $dx\,dy = 2\pi r\,dr$ とすれば, 以下を得る.

$$I^2 = 2\pi \int_0^{\infty} \exp(-ar^2)r\,dr = 2\pi \left[-\frac{\exp(-ar^2)}{2a}\right]_0^{\infty} = \frac{\pi}{a}$$

したがって, $I = \sqrt{\pi/a}$ と求まる. 式 (2.10) では, $a = m/2T$ であるので, 式 (2.10) が求められる.

ここで, マクスウェル分布を用いて, 式 (2.4) で与えられた粒子の平均エネルギーを導出してみよう.

$$\left\langle \frac{m\boldsymbol{v}^2}{2} \right\rangle = \frac{1}{n} \iiint_{-\infty}^{\infty} \frac{1}{2}m(v_x^2 + v_y^2 + v_z^2)f(v_x, v_y, v_z)dv_x\,dv_y\,dv_z \tag{2.13}$$

このとき, 速度空間において速度は等方だから, $v^2 \equiv v_x^2 + v_y^2 + v_z^2$ とおき, $dv_x\,dv_y\,dv_z = 4\pi v^2 dv$ を使って積分を行うとよい (付録 A.5 参照).

$$\left\langle \frac{m\boldsymbol{v}^2}{2} \right\rangle = \frac{1}{n} \int_0^{\infty} \left(\frac{mv^2}{2}\right) f(v) 4\pi v^2 dv \tag{2.14}$$

この積分を実行すると, 式 (2.4) と同じ結果 $\langle m\boldsymbol{v}^2/2 \rangle = 3T/2$ が得られる.

例題 2.2 ▷ 式 (2.14) を導出せよ.

解答 ▶ 例題 2.1 で求めたように,

$$I = \int_{-\infty}^{\infty} \exp(-ax^2)dx = \sqrt{\frac{\pi}{a}} = \sqrt{\pi}a^{-1/2}$$

であった. 両辺を a で微分してみる. すると,

$$\frac{dI}{da} = \int_{-\infty}^{\infty} -x^2 \exp(-ax^2)dx = -\frac{\sqrt{\pi}}{2}a^{-3/2}$$

を得る. さらに, もう一度両辺を a で微分すると,

$$\frac{d^2I}{dx^2} = \int_{-\infty}^{\infty} x^4 \exp(-ax^2)dx = \frac{3\sqrt{\pi}}{4}a^{-5/2}$$

となる. 式 (2.14) の積分範囲は, この積分の下限が 0 の場合であり, 被積分関数

$x^4 \exp(-ax^2)$ が偶関数であるため，最後の結果の半分の値になる．つまり，

$$\int_0^\infty x^4 \exp(-ax^2)dx = \left(\frac{3\sqrt{\pi}}{8}\right)a^{-5/2}$$

である．これを用いて，$\langle m\boldsymbol{v}^2/2 \rangle = 3T/2$ が得られる．

また，式 (2.2) を導出してみよう．

$$\langle v_i \rangle = \frac{1}{n}\iiint_{-\infty}^{\infty} v_i f(\boldsymbol{v})dv_x\,dv_y\,dv_z \quad (i=x,y,z) \tag{2.15}$$

図 2.2 のように，$f(\boldsymbol{v})$ は $v_i\ (i=x,y,z)$ について偶関数であるから，$v_i f(\boldsymbol{v})$ の積分は v_i について奇関数となり，$\int v_i f(\boldsymbol{v})dv_i = 0$ となる．

図 2.3 には，マクスウェル分布の概略図を実線で示した．また，V_d だけ右にずれたマクスウェル分布も破線で示してある．V_d だけずれることを「ドリフトした」という．つまり，プラズマが全体として平均的に V_d で動いていることをいうのである．たとえば，x 方向にのみドリフトしていれば，ドリフトしたマクスウェル分布は，

$$f = n\left(\frac{m}{2\pi T}\right)^{3/2}\exp\left[-\frac{m\{(v_x-V_d)^2+v_y^2+v_z^2\}}{2T}\right] \tag{2.16}$$

のように書ける．実際，これを用いて $\langle v_x \rangle$ を求めてみると

$$\langle v_x \rangle = V_d \tag{2.17}$$

となることがわかる．

ほかに，特殊な場合として，x 方向，y 方向，z 方向のそれぞれの方向の温度が異なる場合も考えられる．これは強い磁場などによって，プラズマ粒子の運動に制限が加えられたような場合に見られる．

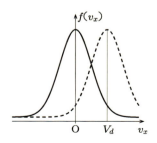

図 2.3 マクスウェル分布
実線は式 (2.12) で与えられるマクスウェル分布，破線は式 (2.16) で与えられる V_d だけドリフトしたマクスウェル分布を示している．

$$f = n \left(\frac{m}{2\pi T_x}\right)^{1/2} \left(\frac{m}{2\pi T_y}\right)^{1/2} \left(\frac{m}{2\pi T_z}\right)^{1/2} \\ \times \exp\left(-\frac{mv_x^2}{2T_x}\right) \exp\left(-\frac{mv_y^2}{2T_y}\right) \exp\left(-\frac{mv_z^2}{2T_z}\right) \quad (2.18)$$

図 2.4 には，(v_x, v_y) の 2 次元の場合における f の等高線を示した．図 2.4 では $T_x > T_y$ の場合の f を示してある．

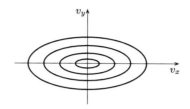

図 2.4　x 方向と y 方向の温度が異なる場合のマクスウェル分布の等高線 $(T_x > T_y)$

2.3　プラズマの密度

前節では，マクスウェル分布について考えた．その中で，式 (2.11) において，分布関数を速度空間で積分すると，粒子（数）密度 n になることを用いた．まず，すでに n として導入された粒子密度について考察してみよう．

粒子密度 n は，単位体積あたり何個の粒子が存在するかによって定義される．単位体積とは，SI 単位系であれば $1\,\mathrm{m}^3$，CGS 単位系であれば $1\,\mathrm{cm}^3$ である．前節で導入された分布関数 f を用いると，

$$n = \iiint f(v_x, v_y, v_z) dv_x dv_y dv_z \quad (2.19)$$

のように，n と f は関係づけられた．実際に，式 (2.12) のマクスウェル分布を速度空間について積分してみれば，式 (2.19) の関係が確かめられる．

さらに，ここで，分布関数 f は速度 $\boldsymbol{v} \equiv (v_x, v_y, v_z)$ のみの関数ではなく，一般には，位置 $\boldsymbol{r} \equiv (x, y, z)$ の関数でもあることを指摘しておこう．前節では，式 (2.7) において，エネルギー E を式 (2.8) のように書き，それを用いてマクスウェル分布を求めた．しかし，より一般的には，エネルギー E は式 (2.8) の運動エネルギーのほかに，ポテンシャルエネルギー $E_\phi(\boldsymbol{r})$ を含んでいる．

$$E = \frac{m\boldsymbol{v}^2}{2} + E_\phi(\boldsymbol{r}) \quad (2.20)$$

したがって，式 (2.12) のマクスウェル分布関数は

$$f(\boldsymbol{r},\boldsymbol{v}) = n_0 \left(\frac{m}{2\pi T}\right)^{3/2} \exp\left(-\frac{\frac{m\boldsymbol{v}^2}{2} + E_\phi(\boldsymbol{r})}{T}\right) \qquad (2.21)$$

のように変更される．この $f(\boldsymbol{r},\boldsymbol{v})$ を式 (2.19) と同じように積分して，粒子密度 n を求めてみよう．すると，n は

$$n = n_0 \exp\left(-\frac{E_\phi(\boldsymbol{r})}{T}\right) \qquad (2.22)$$

のように書ける．ここで，たとえば，ポテンシャルがクーロンポテンシャル φ であるとして，ポテンシャル中に粒子 q の電荷があるとすると，

$$E_\phi(\boldsymbol{r}) = q\varphi \qquad (2.23)$$

である．さらに，粒子が電子であるとすれば，$q = -e$ となり，式 (2.22) は式 (1.2) になる．式 (1.2) は説明なく導入されたが，ここでその意味が理解できる．式 (1.2) は，ポテンシャル φ の大きいところで，電子の粒子密度が高いことを示している．たとえば，プラスの電極のようなものがあれば，φ の大きいところとはその近傍である．したがって，プラスの電極に電子が集まることから，式 (1.2) および式 (2.22) の意味が理解できる．

つぎに，電荷密度，電流密度についてもふれよう．電荷密度については，上の議論がほぼ適用できる．$f(\boldsymbol{r},\boldsymbol{v})$ がプラスかマイナスの電荷をもつ粒子を表現するとすれば，電荷密度 ρ_e は，式 (2.19) にそれぞれの電荷量を掛けた値になる．すなわち，

$$\rho_e = \sum_i q_i n_i - e n_e \qquad (2.24)$$

で与えられる．ここで，$\sum$ はイオンが何種類か存在した場合を想定して，それらをすべて足し算することを示している．なお，イオンのそれぞれの種類の電荷量を q_i とした．また，マイナスの電荷をもつ粒子をすべて電子であるとし，その密度を n_e とした．

電流密度 $\boldsymbol{J}$ は，式 (2.15) で定義される $\langle \boldsymbol{v} \rangle$ を使って，

$$\boldsymbol{J} = \sum_i q_i n_i \langle \boldsymbol{v}_i \rangle - e n_e \langle \boldsymbol{v}_e \rangle \qquad (2.25)$$

のように求められる．

2.4 クーロン衝突

第1章で,集団的ふるまいについて考えた.この節では,一つひとつの荷電粒子間の衝突,つまり,個別的ふるまいの一つであるクーロン衝突について考えてみよう.

まず,図2.5のように,原点に電荷数 z の非常に重いイオンが固定されていて,そこに質量 m で電荷数 z' のイオンが,速さ v で入射して散乱される場合を考えよう.散乱されて方向が θ だけ変えられるとき,この散乱角 θ は

$$\cot\left(\frac{\theta}{2}\right) = \frac{4\pi\epsilon_0 mbv^2}{zz'e^2} \tag{2.26}$$

で与えられる (詳しい導出は文献 [16] などを参照のこと.導出のヒントを付録 C にも記した).ここで,b は衝突径数とよばれる.いま,図 2.5 は軸対称であるとして,微小面積 $2\pi b\, db$ (図 2.5 で破線で囲まれた領域) を通って入射してきた粒子が,立体角 $d\Omega$ に散乱されるとき,$2\pi b\, db = \sigma(\theta)\, d\Omega$ と書いて,$\sigma(\theta)$ をクーロン衝突断面積とよぶ.散乱角 θ 方向の微小立体角 $d\Omega$ は,

$$d\Omega = 2\pi \sin\theta\, d\theta \tag{2.27}$$

で与えられる.式 (2.26) を用いて,

$$2\pi b\, db = \frac{(zz'e^2)^2}{4(4\pi\epsilon_0 mv^2)^2} \cdot \frac{1}{\sin^4\dfrac{\theta}{2}} \cdot d\Omega \tag{2.28}$$

となる.式 (2.28) の右辺を $\sigma(\theta)\, d\Omega$ とおくと,

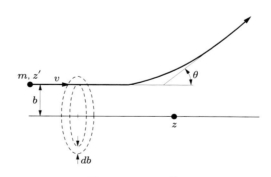

図 2.5　クーロン衝突
原点に重いイオンが固定されており,そこに衝突径数 b で質量 m の粒子が入射し,θ 方向に散乱される.

$$\sigma(\theta) = \frac{1}{4}\left(\frac{zz'e^2}{4\pi\epsilon_0 m v^2}\right)^2 \frac{1}{\sin^4\frac{\theta}{2}} \tag{2.29}$$

となり，この $\sigma(\theta)$ をクーロン衝突断面積 (あるいは，ラザフォード (Rutherford) の衝突断面積) とよぶ (おおまかな導出を付録 C に示した).

ここまでは，原点に重いイオンが固定されていると考えたが，実はこれも動くはずである．その場合は，二つの粒子の重心を原点と考えて同じ計算を行うと，式 (2.29) で質量 m を換算質量 m_r, すなわち，

$$m_r = \frac{m_1 m_2}{m_1 + m_2} \tag{2.30}$$

におき換えればよいことがわかる．ここで，二つの粒子の質量を m_1 と m_2 とした．

つぎに，クーロン衝突によってどれほど粒子のエネルギーが変化するのかについて考えてみる．二つの粒子の質量を m_1, m_2, 速度を $\bm{v}_1, \bm{v}_2$ とする．運動量保存則により，

$$\delta(m_1\bm{v}_1 + m_2\bm{v}_2) = m_1\delta\bm{v}_1 + m_2\delta\bm{v}_2 = 0 \tag{2.31}$$

である．また，エネルギーの変化量 δE は

$$\begin{aligned}\delta E_1 &= \delta\left(\frac{m_1\bm{v}_1^2}{2}\right) = \frac{m_1(\bm{v}_1+\delta\bm{v}_1)^2}{2} - \frac{m_1\bm{v}_1^2}{2} \\ &= m_1\bm{v}_1\cdot\delta\bm{v}_1 + \frac{m_1}{2}(\delta\bm{v}_1)^2 = -\delta E_2\end{aligned} \tag{2.32}$$

となる．ここで，δE_1 は，相対速度 $\bm{u}$ と重心の速度 $\bm{v}$, すなわち,

$$\bm{u} = \bm{v}_1 - \bm{v}_2 \tag{2.33}$$

$$\bm{v} = \frac{m_1\bm{v}_1 + m_2\bm{v}_2}{m_1 + m_2} \tag{2.34}$$

を用いると，重心の速度の変化 $\delta\bm{v} = 0$ に注意して，$\delta\bm{v}_1 = (m_r/m_1)\delta\bm{u}$, $\delta\bm{v}_2 = -(m_r/m_2)\delta\bm{u}$ なる関係が得られ，式 (2.32) は，

$$\delta E_1 = m_1\bm{v}\cdot\delta\bm{v}_1 + m_r\bm{u}\cdot\delta\bm{v}_1 + \frac{m_1}{2}(\delta\bm{v}_1)^2 \tag{2.35}$$

$$\delta E_2 = m_2\bm{v}\cdot\delta\bm{v}_2 - m_r\bm{u}\cdot\delta\bm{v}_2 + \frac{m_2}{2}(\delta\bm{v}_2)^2 \tag{2.36}$$

$$= -m_1\bm{v}\cdot\delta\bm{v}_1 - m_r\bm{u}\cdot\delta\bm{v}_1 - \frac{m_1}{2}(\delta\bm{v}_1)^2 \tag{2.37}$$

と書き換えられる．式 (2.36) と式 (2.37) の二つの式を引き算すると，

$$0 = m_r\bm{u}\cdot\delta\bm{u} + \frac{m_r}{2}(\delta\bm{u})^2$$

$$= \frac{m_1}{m_r}\left\{m_r \boldsymbol{u}\cdot\delta\boldsymbol{v}_1 + \frac{m_1}{2}(\delta\boldsymbol{v}_1)^2\right\} \tag{2.38}$$

を得る．式 (2.38) を式 (2.35) に用いると，エネルギーの変化量 δE_1 は

$$\delta E_1 = m_1 \boldsymbol{v}\cdot\delta\boldsymbol{v}_1 = m_r(\boldsymbol{v}\cdot\delta\boldsymbol{u}) \tag{2.39}$$

となる．ここで，$\delta\boldsymbol{u}$ を $\boldsymbol{u}$ に平行成分 $\hat{\boldsymbol{u}}_{//}$ と垂直成分 $\hat{\boldsymbol{u}}_\perp$ とに分けると，図 2.5 を参照しながら $\delta\boldsymbol{u} = (-u(1-\cos\theta), u\sin\theta) = (-2u\sin^2(\theta/2), u\sin\theta)$ と書ける．式 (2.39) によって，1 回の衝突によって変化するエネルギー量が得られる．本書では，これ以降の計算は長いので省略する．詳細は参考文献 [4] など参照してほしい．先を急ぐ読者は，次節 2.5 に飛んでよい．

それでは，平均的には，エネルギーの変化量はどれくらいだろうか．δt の時間に $\langle\delta E_1\rangle$ のエネルギー変化があるとすると，

$$\left\langle\frac{dE_1}{dt}\right\rangle = n_2 u \int \delta E_1 \sigma \, d\Omega \tag{2.40}$$

と与えられる．σ は式 (2.29) で与えられるクーロン衝突断面積である．また，ここでは添字 1 の粒子が，添字 2 の粒子によって散乱されて，どれだけエネルギー変化を起こすかを考えている．そのため，式 (2.40) の右辺に，添字 2 の粒子のマクスウェル分布関数 f_2 を掛けて，$\boldsymbol{v}_2$ について積分しよう．

$$\left\langle\frac{dE_1}{dt}\right\rangle = \iint f_2 u \delta E_1 \sigma \, d\Omega \, dv_{2x} \, dv_{2y} \, dv_{2z} \tag{2.41}$$

f_2 が速度空間において等方的である場合は，少し長いが難しくない計算によって，式 (2.41) は

$$\left\langle\frac{dE_1}{dt}\right\rangle = -\frac{n_2(z_1 z_2 e^2)^2}{4\pi\epsilon_0^2 v_1 m_2}\ln\Lambda$$
$$\times\left\{\Phi(\eta_2 v_1) - \left(1+\frac{m_2}{m_1}\right)\frac{2\eta_2 v_1}{\sqrt{\pi}}\exp(-\eta_2^2 v_1^2)\right\} \tag{2.42}$$

となる．ここで，

$$\Phi(x) = \frac{2}{\sqrt{\pi}}\int_0^x \exp(-y^2)dy, \quad \eta_2 \equiv \sqrt{\frac{m_2}{2T_2}} \tag{2.43}$$

である．$\ln\Lambda$ はクーロン対数とよばれ，

$$\ln\Lambda = \int_{\theta_{\min}}^{\pi}\cot\frac{\theta}{2}d\theta \tag{2.44}$$

で定義される．いまの場合，最大の衝突径数はデバイ長 λ_D で近似できる．このときの散乱角 θ が，最小の散乱角 $\theta_{\min}$ になるものと考えられる（詳しい導出は文献 [4] などを参照のこと．また，具体的な $\ln\Lambda$ の値は文献 [17] などを参照のこと）．

2.5 プラズマの温度

この節では,プラズマ中のイオンと電子の温度について考えてみる.式 (2.12) で考えたマクスウェル分布

$$f(v_x, v_y, v_z) = n \left(\frac{m}{2\pi T}\right)^{3/2} \exp\left\{-\frac{m(v_x^2 + v_y^2 + v_z^2)}{2T}\right\} \tag{2.45}$$

を,確率分布として知られる正規分布とくらべてみる.

ある変数 x に対する正規分布 $F(x)$ は,平均値 $\langle x \rangle$ と分散 $\sigma^2 = \langle x^2 \rangle - \langle x \rangle^2$ が与えられれば,つぎのように表せる (ここで $\langle \ \rangle$ は平均を表している).

$$F(x) = \frac{1}{\sigma\sqrt{2\pi}} \exp\left\{-\frac{(x - \langle x \rangle)^2}{2\sigma^2}\right\} \tag{2.46}$$

分散 σ^2 の平方根 σ は標準偏差 (ゆらぎに相当する) とよばれる.式 (2.12) や式 (2.45) で考えたマクスウェル分布も,速度を変数とした正規分布である.分散が大きいほど正規分布の広がりも大きい.したがって,分散,すなわち,温度が大きい場合には分布関数の広がりが大きく,温度が小さい場合には広がりが小さくなる.温度は正規分布,すなわち,マクスウェル分布の広がりの度合いを表現している (図 2.6 参照).

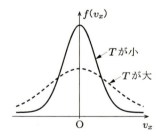

図 2.6 マクスウェル分布は,温度 T が分散に関連した正規分布である.T が大きいと,分布の広がり幅が大きくなる.

式 (2.42) を用いて,2 種類の粒子の温度が異なる場合を考えてみよう.たとえば,プラズマ中の電子とイオンの温度が異なる場合,時間をおいてそれらは緩和する.つぎに,この温度緩和について考えてみる.式 (2.42) では,添字 2 の粒子がマクスウェル分布をしているとしていたが,この節では,添字 1 の粒子も温度 T_1 のマクスウェル分布 f_1 をしている場合を考える.式 (2.42) に f_1/n_1 を掛けて $\boldsymbol{v}_1$ で積分すると,

$$\left\langle \frac{dE_1}{dt} \right\rangle = -\frac{\frac{3}{2}(T_1 - T_2)}{\tau} \tag{2.47}$$

$$\tau = \frac{3\sqrt{2\pi}\pi\epsilon_0^2 m_1 m_2}{n_2(z_1 z_2 e^2)^2 \ln\Lambda}\left(\frac{T_1}{m_1} + \frac{T_2}{m_2}\right)^{3/2} \qquad (2.48)$$

を得る[†1]．これより，電子間の温度緩和の特徴的時間 τ^{ee}，イオン間の緩和時間 τ^{ii}，イオンと電子間の緩和時間 τ^{ie} が得られる．それらの比をとると，おおよそ

$$\tau^{ee} : \tau^{ii} : \tau^{ie} = 1 : \frac{1}{z_i^3}\sqrt{\frac{m_i}{m_e}}\left(\frac{T_i}{T_e}\right)^{3/2} : \frac{1}{z_i}\left(\frac{m_i}{m_e}\right) \qquad (2.49)$$

が得られる．z_i はイオンの電荷数である．また，$n_e = z n_i$ とした．この関係より，同種粒子，つまり，電子間やイオン間のエネルギー緩和にくらべて，イオンと電子間の緩和には時間がかかることがわかる．

こうして，プラズマ中でイオンと電子が別々の温度 T_i と T_e をもつ場合，イオンと電子はたがいに衝突してエネルギーをやりとりし，T_i と T_e は図 2.7 のように緩和する．

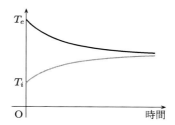

図 2.7 プラズマ中では，イオンと電子は別々の温度をもちうる．
この図は，初期に電子温度 T_e がイオン温度 T_i より高い場合を表している．
式 (2.48) の緩和時間で，イオン温度 T_i と電子温度 T_e は近づく．

▶▶ 演習問題

2.1 空気の中にある酸素ガスの温度が 27°C であるとしよう．マクスウェル分布関数 (2.12) を用いて，速度 $v = 0$ のときの粒子数にくらべて，粒子数が 1% になるときの粒子の速さを求めよ．

[†1] ここでは式の導出を省略するが，その導出に興味のある読者は，参考文献 [4] や [9] を参照のこと．

第3章 1個の荷電粒子の運動

本章では,外部から与えられた電磁場中で,1個の荷電粒子がどのように運動するかを調べよう.

第1,2章で見てきたように,プラズマは荷電粒子の集団であり,荷電粒子自身の運動によって電流をつくり,電荷とともに電場と磁場をつくる.外部から加えた電場と磁場も,プラズマのつくる電場と磁場によって影響を受ける.このように,プラズマと電磁場は相互作用をする.この相互作用を詳しく調べるのは第5章以降にまかせる.

本章を学ぶに際し,粒子の運動方程式について学習したい場合は,参考文献 [21] などの力学の教科書を勧める.

3.1 運動方程式

電磁場中の運動方程式は一般に

$$\frac{d\boldsymbol{P}}{dt} = q\left(\boldsymbol{E} + \boldsymbol{v} \times \boldsymbol{B}\right) = \boldsymbol{F} \tag{3.1}$$

で与えられる.$\boldsymbol{P}$ は運動量である.特殊相対性理論によれば

$$\boldsymbol{P} = \frac{m\boldsymbol{v}}{\sqrt{1 - \dfrac{\boldsymbol{v}^2}{c^2}}} \equiv \gamma m\boldsymbol{v} \tag{3.2}$$

で与えられる.m は粒子の静止質量,c は光速である.$|\boldsymbol{v}| \ll c$ の場合には,$\boldsymbol{P} = m\boldsymbol{v}$ に近似でき,通常のニュートン運動方程式になる.非相対論的な $|\boldsymbol{v}| \ll c$ の場合,たとえば,力が x 方向の F_x のみのとき,v_x のみが変化して $v_y = $ 一定になる.しかし,相対論的な場合には,このとき $dP_y/dt = 0$ となり,$v_y = $ 一定ではなく $P_y = $ 一定になる.式 (3.2) で示されるように,$P_y = \gamma m v_y$ である.m は定数であるため,$\gamma v_y = $ 一定となる.$\gamma = 1/\sqrt{1 - (v_x^2 + v_y^2 + v_z^2)/c^2}$ だから,F_x のみの力があっても $v_y = $ 一定ではない.つまり,γ をとおして,力と直角方向の v_y や v_z も変化するのである.これは,特殊相対性理論のいう「粒子の速さは光速 c を超えられない」ことからくる結論である[†1].

[†1] 特殊相対性理論についてさらに学びたい読者は,骨のある本であるが,参考文献 [22] や [18] をすすめる.

ただし，以下の議論においては，非相対論的な運動方程式

$$m\frac{d\bm{v}}{dt} = q\left(\bm{E} + \bm{v} \times \bm{B}\right) \tag{3.3}$$

で十分である．

3.2　サイクロトロン運動

まず，一様な磁場だけが z 方向に向いている場合を考えてみよう．運動方程式は

$$\begin{cases} m\dfrac{dv_x}{dt} = qv_y B_z & (3.4\text{a}) \\ m\dfrac{dv_y}{dt} = -qv_x B_z & (3.4\text{b}) \\ m\dfrac{dv_z}{dt} = 0 & (3.4\text{c}) \end{cases}$$

となる．z 方向には $v_z = $ 一定の運動をする．x 方向と y 方向については，$v_x + iv_y$ をつくると，

$$\frac{d(v_x + iv_y)}{dt} = -i\Omega(v_x + iv_y), \quad \Omega \equiv \frac{qB_z}{m} \tag{3.5}$$

となる．Ω はサイクロトロン角周波数である．これを解くと，

$$v_x + iv_y = (\text{定数})\exp\left(-i\Omega t\right) \tag{3.6}$$

となり，サイクロトロン運動とよばれる円運動をすることがわかる．図 3.1 にその様子を示した．サイクロトロン運動のことをラーモア回転運動ともいう．

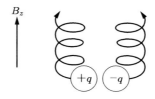

図 3.1　サイクロトロン運動

例題 3.1 ▶ 磁場 B_z の強さが，1 T（テスラ）のときの電子と陽子のサイクロトロン角周波数を求めよ．

解答 ▶ 式 (3.5) のサイクロトロン角周波数 $\Omega = eB_z/m$ の式に，磁場 $B_z = 1$ T，電子の質量 9.1094×10^{-31} [kg]，陽子の質量 1.6726×10^{-27} [kg]，素電荷 $e = 1.6022 \times 10^{-19}$ [C] を用いる．すると，電子のサイクロトロン角周波数は $\Omega_e = 1.76 \times 10^{11}$ [rad/s]，陽子のサイクロトロン角周波数は $\Omega_i = 9.58 \times 10^{7}$ [rad/s] と求まる．

3.3 ドリフト運動

まず，z 方向の磁場 B_z のほかに，y 方向の電場 E_y がある場合のふるまいを見てみよう．B_z によって，図 3.1 のようなサイクロトロン運動をするのは，前節と同様である．しかし，E_y が存在すると，$+q$ の電荷であれば $+y$ 方向に電場によって加速され，回転半径が大きくなる．$-y$ 方向に動くときは減速され，回転半径は小さくなる．そのため，回転運動のほかに，ドリフト運動とよばれる一定の方向への運動が生じる．この様子を図 3.2 に示した．$-q$ の電荷の運動も図中に示してある．運動方程式の y 方向成分のみを考えると，

$$m\frac{dv_y}{dt} = q(E_y - v_x B_z) \tag{3.7}$$

となる．ここで，ドリフト運動は時間に依存しないと考えて，

$$E_y - v_x B_z = 0 \tag{3.8}$$

としてみる．時間依存性は B_z によるサイクロトロン運動からくる．こうして，

$$v_x = \frac{E_y}{B_z} \tag{3.9}$$

が求まる．より一般的には

$$\boldsymbol{v} = \frac{\boldsymbol{E} \times \boldsymbol{B}}{B^2} \tag{3.10}$$

と書けて，$\boldsymbol{E} \times \boldsymbol{B}$ ドリフトとよばれる．

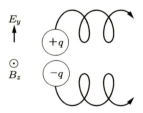

図 3.2 $\boldsymbol{E} \times \boldsymbol{B}$ ドリフト

つぎに，$\boldsymbol{E} \times \boldsymbol{B}$ ドリフトを，より一般化してみよう．$q\boldsymbol{E}$ の力の代わりに $\boldsymbol{F}$ の力がはたらいているとすると，式 (3.10) で $\boldsymbol{E}$ の代わりに $\boldsymbol{F}/q$ でおき換えて，

$$\boldsymbol{v} = \frac{\boldsymbol{F} \times \boldsymbol{B}}{qB^2} \tag{3.11}$$

が得られる．$\boldsymbol{F}$ が q に依存しないような場合には，$\boldsymbol{v}$ の方向は式 (3.11) により，q の正負によって異なる．たとえば，重力 $\boldsymbol{F} = m\boldsymbol{g}$ や遠心力 $\boldsymbol{F} = mv^2\boldsymbol{r}/r^2$ のような場合

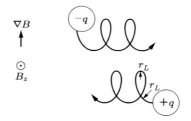

図 3.3 ∇B ドリフト

には，$+q$ と $-q$ のドリフトの方向が異なり，電荷分離が生じる場合がある．

つぎに，図 3.3 のように，B_z のみが存在し，図の上方向に B_z が少しずつ強くなっている場合を考える．すると，B_z の強いところでは回転半径 r_L が小さく，B_z の弱いところでは r_L が大きくなる．こうして，図 3.3 のようにドリフトする．このドリフトは ∇B（グラジエント B）ドリフトとよばれ，

$$\bm{v}_{\nabla B} = \frac{1}{2B_0^2} \frac{v_\perp^2}{\Omega} (\bm{B}_0 \times \nabla B_0) \tag{3.12}$$

なる表式で与えられる．$v_\perp$ は旋回運動をする速度の磁場に垂直な成分の大きさ，$\bm{B}_0$ は ∇B_0 が小さいとしたときの平均的な磁場である（式 (3.12) の詳しい導出は参考文献 [2] および [3] を参照のこと）．

つぎに，図 3.4 のように，電場 $\bm{E}$ と磁場 $\bm{B}$ が垂直な場合の $\bm{E} \times \bm{B}$ ドリフトにおいて，$\bm{E}$ が時間に依存する場合を考えてみよう．図 3.4 には，$\bm{E}$ が時間とともに大きくなる場合を示した．$\bm{E} \times \bm{B}$ ドリフトのほかに，図のように分極ドリフトが見られる．$+q$ の電荷であれば，$\bm{E}$ が少しずつ大きくなれば，図のように $\bm{E}$ の方向にずれながら

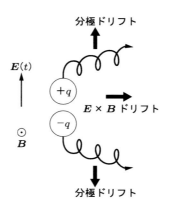

図 3.4 分極ドリフト

ドリフトしていく．これが分極ドリフトである (式 (3.13) の導出を含め，詳しくは参考文献 [3] を参照のこと)．

$$v_p = \frac{1}{\Omega}\frac{\dot{E}}{B} \tag{3.13}$$

3.4 磁気モーメント

3.2節で，一様な磁場中のサイクロトロン運動について見た．電荷 q の荷電粒子が，磁場 B 中でサイクロトロン運動をしているときをあらためて考えてみる．磁場中では，$\Omega = qB/m$ の角周波数で回転している．その1個の電荷がつくる円環の電流 I は，電荷 q が単位時間に円環の一点を $\Omega/2\pi$ 回だけ通過することから，

$$I = \frac{q\Omega}{2\pi} \tag{3.14}$$

で書ける．この荷電粒子の円運動は，磁気双極子と同等である．磁気モーメント μ_m は円電流と円軌道の面積の積に等しいから，

$$\mu_m = I\pi r_L^2 = \frac{mv_\perp^2}{2B} \tag{3.15}$$

と書ける．ここで，磁場に垂直な速度を $v_\perp$，$r_L = v_\perp/\Omega$ とした．

図 3.5 のように，磁場が場所によって緩やかに変化する場合を考えよう．この場合に，電荷 q の荷電粒子に磁場からはたらく力を求めてみる．図 3.5 のように，磁場が z 方向を向き，$B_\theta = 0$ で θ 方向に対称である場合を例に考えよう．

$$\text{div}\,\boldsymbol{B} \equiv \nabla \cdot \boldsymbol{B} = 0 \tag{3.16}$$

から，

$$\frac{1}{r}\frac{\partial}{\partial r}(rB_r) + \frac{\partial B_z}{\partial z} = 0 \tag{3.17}$$

である．ここで，円筒座標系を用いた．近似的に，

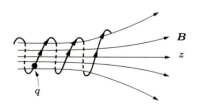

図 3.5　緩やかに変化する磁場中では磁気モーメントは保存される．

$$\frac{\partial B_z}{\partial z} \sim 一定 \tag{3.18}$$

と考えられるくらい緩やかに磁場が変化する場合を考えている．すると，

$$B_r \sim -\frac{1}{2}r\frac{\partial B_z}{\partial z} \tag{3.19}$$

B_r が求まったので，z 方向へはたらく力 f_z は，

$$f_z = qv_\perp B_r \sim qv_\perp \left(-\frac{1}{2}r_L\frac{\partial B_z}{\partial z}\right) = -\frac{mv_\perp^2}{2B}\frac{\partial B}{\partial z} = -\mu_m\frac{\partial B}{\partial z} \tag{3.20}$$

と書ける．さらに，いま考えているような緩やかに変化する磁場中では磁気モーメント μ_m が保存されることを示そう．この磁場中を電荷 q が移動する場合の z 方向の運動エネルギーの変化を考える．

$$\Delta\left(\frac{mv_z^2}{2}\right) = f_z\Delta z = -\mu_m\frac{\partial B}{\partial z}\Delta z = -\mu_m\Delta B \tag{3.21}$$

ここで，

$$\Delta\mu_m = \Delta\left(\frac{mv_\perp^2}{2B}\right) = \frac{\Delta\left(\frac{mv_\perp^2}{2}\right)}{B} - \frac{mv_\perp^2}{2}\frac{\Delta B}{B^2} \tag{3.22}$$

を調べてみよう．

一方，磁場自身は粒子に仕事をせず，粒子の運動エネルギーは保存されるから

$$\Delta\left(\frac{mv_\perp^2}{2}\right) + \Delta\left(\frac{mv_z^2}{2}\right) = 0 \tag{3.23}$$

となり，式 (3.21) により

$$\Delta\left(\frac{mv_\perp^2}{2}\right) = -\Delta\left(\frac{mv_z^2}{2}\right) = \mu_m\Delta B \tag{3.24}$$

を得る．したがって，式 (3.22) は

$$\Delta\mu_m = \frac{\Delta\left(\frac{mv_\perp^2}{2}\right)}{B} - \frac{mv_\perp^2}{2}\frac{\Delta B}{B^2}$$
$$= \mu_m\frac{\Delta B}{B} - \mu_m\frac{\Delta B}{B} = 0 \tag{3.25}$$

となり，μ_m は近似的に保存される．このように，保存される量は断熱不変量ともよばれる．

磁気モーメントが保存されるため，興味深い結果が得られる．いまの場合，磁場以外の外力がないので，空間的に緩やかに変化する磁場中では，

$$\mu_m = \frac{mv_\perp^2}{2B} = 一定 \tag{3.26}$$

と，運動エネルギー

$$\frac{mv_z^2}{2} + \frac{mv_\perp^2}{2} = 一定 \tag{3.27}$$

が保存される．すると，磁場 B が緩やかに増加する場合，磁気モーメントが保存されるから，磁場に垂直方向の運動エネルギー $mv_\perp^2/2$ が増えることになる．すなわち，磁場に平行方向の運動エネルギー $mv_z^2/2$ が減ることになる．すべての運動エネルギーが磁場に垂直な運動エネルギーに変換されるとすると，磁場に平行方向の運動エネルギーがなくなり，荷電粒子は跳ね返されることになる．したがって，図 3.5 のような磁場が強くなっているところでは，荷電粒子は跳ね返されることになる．図 3.6 のように，両端で磁場が強くなっている磁場配位は，ミラー磁場とよばれる．ミラー磁場が存在する場合，荷電粒子は両端で跳ね返され，ミラー磁場に閉じ込められることになる．

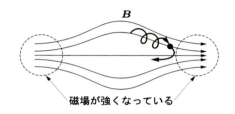

図 3.6 ミラー磁場
緩やかに変化するミラー磁場中では，荷電粒子は閉じ込められる．これも磁気モーメントが保存されることから理解できる．

　もし，宇宙空間中にミラー磁場が存在し，ミラー磁場の両端あるいは 1 端がミラー磁場の中心方向に高速で動いてくるとするならば，ミラー磁場に捕捉された荷電粒子は，動いている端ではじき返されるときにエネルギーを得て，高速に加速することも考えられる．

▶▶ 演習問題

3.1 式 (3.4a) および式 (3.7) を，時間に依存する部分と依存しない部分に分けて，式 (3.9) を導出せよ．

3.2 遠心力によるドリフトの方向を確認せよ．ただし，磁力線が曲がっているとする．

第4章 電磁場の方程式

プラズマは荷電粒子の集まりであり，そのふるまいは電磁場と深く関わる．第3章では，1個の荷電粒子の運動を調べた．本章では，電磁場を支配する方程式についてまとめておこう（詳しくは，電磁気学の参考書 [18], [19], [24] を参照のこと）．

4.1 ポアソン方程式

時間的に変化しない電場，すなわち，静電場はポアソン方程式で記述できる．
静電場が存在する場合，静電ポテンシャルを ϕ とすると，

$$\boldsymbol{E} = -\nabla\phi \tag{4.1}$$

と書ける．一方，ガウスの法則は，

$$\operatorname{div}(\epsilon_0 \boldsymbol{E}) = \rho \equiv n_i q_i - n_e q_e \tag{4.2}$$

であるから，ポアソン方程式

$$\Delta\phi = -\frac{\rho}{\epsilon_0} \tag{4.3}$$

が得られる．

ここで，x のみの1次元の現象を一例として考えてみよう．$x=0$ に $\phi=0$ の陰極があり，$x=1$ に $\phi=\phi_a$ 陽極がある場合において，電荷が $0 \leq x \leq 1$ にないようなギャップを考える．このとき，

$$\frac{d^2\phi}{dx^2} = 0 \tag{4.4}$$

であり，$\phi = \phi_a x$ なる解が得られる．

4.2 マクスウェル方程式

電磁場が時間的に急速に変化するような場合には，時間に依存する項を含んだマクスウェル方程式を用いなければならない．$\boldsymbol{J}$ を電流とすると，マクスウェル方程式は

つぎのように書ける.

$$\begin{cases} \nabla \times \boldsymbol{E} = -\dfrac{\partial \boldsymbol{B}}{\partial t}, \quad \boldsymbol{B} = \mu_0 \boldsymbol{H} & (4.5\text{a}) \\ \nabla \times \boldsymbol{H} = \dfrac{\partial \boldsymbol{D}}{\partial t} + \boldsymbol{J}, \quad \boldsymbol{D} = \epsilon_0 \boldsymbol{E} & (4.5\text{b}) \\ \nabla \cdot \boldsymbol{E} = \dfrac{\rho}{\epsilon_0} & (4.5\text{c}) \\ \nabla \cdot \boldsymbol{B} = 0 & (4.5\text{d}) \end{cases}$$

式 (4.5a) は電磁誘導の現象を表す.一つの閉回路を図 4.1 のように考えよう.この閉回路をつき抜けている $\boldsymbol{B}$ の総量を $\varPhi$ とすると,閉回路には

$$V \equiv \int_l \boldsymbol{E} \cdot d\boldsymbol{l} = -\frac{d\varPhi}{dt} = -\frac{d}{dt}\int_S \boldsymbol{B} \cdot d\boldsymbol{S} \tag{4.6}$$

のような電圧が生じる.これが電磁誘導であり,式 (4.6) の第 2 項を

$$\int_l \boldsymbol{E} \cdot d\boldsymbol{l} = \int_S (\nabla \times \boldsymbol{E}) \cdot d\boldsymbol{S} \tag{4.7}$$

を用いて変形すれば,式 (4.5a) が得られる(付録 A.2 の積分公式を参照のこと).

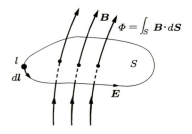

図 4.1　電磁誘導

式 (4.5b) において,右辺の第 1 項は変位電流とよばれる.その必要性は,この式に $\mathrm{div} \equiv \nabla \cdot$ を演算してみるとわかる.

$$\nabla \cdot (\nabla \times \boldsymbol{H}) = 0 = \frac{\partial \nabla \cdot (\epsilon_0 \boldsymbol{E})}{\partial t} + \nabla \cdot \boldsymbol{J}$$

$$\therefore \quad 0 = \frac{\partial \rho}{\partial t} + \nabla \cdot \boldsymbol{J} \tag{4.8}$$

つまり,式 (4.8) のような電荷の連続方程式を満足するためにも,変位電流が必要なのである.

例題 4.1 ▶ 連続方程式 (4.8) を導出せよ.

解答 ▶ 図 4.2 のように,x が 1 次元の場合を考えよう.$J_x = \rho_e v_x$ に気をつけて,x と

$x + dx$ の間の領域にある電荷密度 ρ_e の時間 Δt の間の変化を考える．すると，

$$\Delta \rho_e \Delta x = \Delta t \left\{ \rho_e v_x \mid_x - \rho_e v_x \mid_{x+dx} \right\}$$
$$= \Delta t \left\{ \rho_e v_x \mid_x - \left(\rho_e v_x \mid_x + dx \frac{\partial \rho_e v_x}{\partial x} \mid_x \right) \right\} \quad (4.9)$$

となる．左辺は x と $x + dx$ の間にある電荷量の変化である．右辺はフラックス，つまり，流束の出入りを表している．こうして

$$\frac{\partial \rho_e}{\partial t} = \lim_{\Delta t \to 0} \frac{\Delta \rho_e}{\Delta t} = -\frac{\partial \rho_e v_x}{\partial x} = -\frac{\partial J_x}{\partial x} \quad (4.10)$$

のように，連続方程式 (4.8) が導出される．

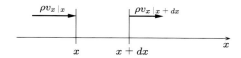

図 4.2 電荷の連続方程式の導出

さらに，$\rho_e = 0$, $J = 0$ の場合に，真空中で電磁波が伝播することを確かめておこう．マクスウェル方程式の式 (4.5a) を時間で微分し，式 (4.5b) を代入すると，

$$-\frac{\partial^2 \boldsymbol{B}}{\partial t^2} = -\mu_0 \frac{\partial^2 \boldsymbol{H}}{\partial t^2} = \nabla \times \left(\frac{1}{\epsilon_0} \nabla \times \boldsymbol{H} \right)$$
$$= \frac{1}{\epsilon_0} \left\{ \nabla (\nabla \cdot \boldsymbol{H}) - \Delta \boldsymbol{H} \right\} \quad (4.11)$$

となる．ここで $\nabla \cdot \boldsymbol{H} = 0$ を用いて，

$$\epsilon_0 \mu_0 \frac{\partial^2 \boldsymbol{H}}{\partial t^2} - \Delta \boldsymbol{H} = 0 \quad (4.12)$$

$\boldsymbol{E}$ についても同様に

$$\epsilon_0 \mu_0 \frac{\partial^2 \boldsymbol{E}}{\partial t^2} - \Delta \boldsymbol{E} = 0 \quad (4.13)$$

を得る．これは波動方程式である．たとえば，式 (4.13) において，$\boldsymbol{E}$ が x 方向に伝播する平面波であるとすると，$\boldsymbol{E} = \boldsymbol{E}_0 \exp\{i(kx - \omega t)\}$ となる．これを用いると式 (4.13) は

$$-\epsilon_0 \mu_0 \omega^2 + k^2 = 0$$
$$\therefore \frac{\omega}{k} = \frac{\pm 1}{\sqrt{\epsilon_0 \mu_0}} = \pm c \quad (4.14)$$

を与える．これは，光速 c で進む平面電磁波を表している．

例題 4.2 ▶ 付録 A.1 の ϵ_0 と μ_0 を用いて，$\dfrac{1}{\sqrt{\epsilon_0 \mu_0}} = c$ となることを確かめよ．

解答 ▶ 真空の誘電率 $\epsilon_0 = 8.8542 \times 10^{-12}$ [F/m]，真空の誘磁率 $\mu_0 = 1.2566 \times 10^{-6}$ [H/m] より，つぎのように求められる．

$$\frac{1}{\sqrt{\epsilon_0 \mu_0}} = 2.9979 \times 10^8 = c\,[\text{m/s}]$$

つまり，真空中の光速 c が求められる．

ここで，エネルギーの流れについて考えてみよう．マクスウェル方程式の式 (4.5a) に $\boldsymbol{H}$ を掛け，式 (4.5b) に $\boldsymbol{E}$ を掛けてそれぞれ引き算をすると，

$$\boldsymbol{H} \cdot \nabla \times \boldsymbol{E} - \boldsymbol{E} \cdot \nabla \times \boldsymbol{H} = -\boldsymbol{H} \cdot \frac{\partial \boldsymbol{B}}{\partial t} - \boldsymbol{E} \cdot \frac{\partial \boldsymbol{D}}{\partial t} - \boldsymbol{J} \cdot \boldsymbol{E} \tag{4.15}$$

を得る．これは

$$\nabla \cdot (\boldsymbol{E} \times \boldsymbol{H}) + \frac{\partial}{\partial t}\left(\frac{\epsilon_0 \boldsymbol{E}^2 + \mu_0 \boldsymbol{H}^2}{2}\right) = -\boldsymbol{J} \cdot \boldsymbol{E} \tag{4.16}$$

となる（左辺の第 1 項の導出は，付録 A.2 の公式を参照のこと）．左辺の第 2 項は，単位体積あたりの電磁場のエネルギー ϵ_e の時間変化である．

また，

$$\boldsymbol{S}_e \equiv \boldsymbol{E} \times \boldsymbol{H} \tag{4.17}$$

と定義すると，式 (4.16) は，

$$\frac{\partial \epsilon_e}{\partial t} + \nabla \cdot \boldsymbol{S}_e = -\boldsymbol{J} \cdot \boldsymbol{E} \tag{4.18}$$

となる．ここで，簡単のため，真空中を考えると $\boldsymbol{J} = \boldsymbol{0}$ である．すると，式 (4.18) は電磁場のエネルギー保存則を表すと考えれられる．そして，$\boldsymbol{S}_e$ は電磁場のエネルギー流束密度を表すと考えられる．この $\boldsymbol{S}_e$ はポインティングベクトルとよばれる．式 (4.18) をある体積 V で積分すると，

$$\frac{\partial}{\partial t}\left(\int_V \epsilon_e dV\right) = -\int_V \nabla \cdot \boldsymbol{S}_e dV = -\int_S \boldsymbol{S}_e \cdot d\boldsymbol{S} \tag{4.19}$$

と書ける（右辺の変形には付録 A.2 の積分の公式を用いた）．こうすれば，体積 V 中の電磁場のエネルギーの量の変化が，その体積の表面 S を通じて $\boldsymbol{S}_e$ の出入りによって，表現されていることがわかる．

4.3 ポテンシャル

4.1 節で見たように，式 (4.1) で与えられるような静電ポテンシャル ϕ が導入された．そして，ϕ によって静電場は表現された．

それでは，$\boldsymbol{B}$ はポテンシャルによってどのように表現されるのであろうか．マクスウェル方程式の式 (4.5d) の $\nabla \cdot \boldsymbol{B} = 0$ なる関係と，あるベクトル $\boldsymbol{A}$ に対する恒等式（付録 A.2 参照）

$$\nabla \cdot (\nabla \times \boldsymbol{A}) = 0 \tag{4.20}$$

から，

$$\boldsymbol{B} = \nabla \times \boldsymbol{A} \tag{4.21}$$

となるベクトルポテンシャル $\boldsymbol{A}$ を導入できる．$\boldsymbol{A}$ が導入されたので，これを式 (4.5a) に代入してみよう．すると，

$$\nabla \times \boldsymbol{E} = -\frac{\partial \boldsymbol{B}}{\partial t} = -\nabla \times \frac{\partial \boldsymbol{A}}{\partial t}$$
$$\therefore \quad \nabla \times \left(\boldsymbol{E} + \frac{\partial \boldsymbol{A}}{\partial t} \right) = 0 \tag{4.22}$$

となる．こうして，

$$\boldsymbol{E} = -\frac{\partial \boldsymbol{A}}{\partial t} \tag{4.23}$$

得る．また，ここで

$$\nabla \times (\nabla \phi) = 0 \tag{4.24}$$

であるから（付録 A.2 参照），式 (4.23) を

$$\boldsymbol{E} = -\frac{\partial \boldsymbol{A}}{\partial t} - \nabla \phi \tag{4.25}$$

としてもかまわない．ここで，ϕ を静電ポテンシャルにとれば，式 (4.1) を特別な場合，つまり，定常 ($\partial/\partial t = 0$) の場合として含む式 (4.25) が得られたことになる．こうして，

$$\begin{cases} \boldsymbol{E} = -\nabla \phi - \dfrac{\partial \boldsymbol{A}}{\partial t} \\ \boldsymbol{B} = \nabla \times \boldsymbol{A} \end{cases} \tag{4.26}$$

が得られた．しかし，ここで注意したい点がある．$\boldsymbol{E}$ と $\boldsymbol{B}$ は，ϕ と $\boldsymbol{A}$ の微分によって表現されるため，ϕ と $\boldsymbol{A}$ の基準点をどこにとっても $\boldsymbol{E}$ と $\boldsymbol{B}$ の値は変わらないとい

うことである．ここで，ξ という関数を導入して，

$$\phi \to \phi - \frac{\partial \xi}{\partial t} \tag{4.27}$$

$$\boldsymbol{A} \to \boldsymbol{A} + \nabla \xi \tag{4.28}$$

と変換しても，$\boldsymbol{E}$ と $\boldsymbol{B}$ の値はやはり変わらない．つまり，一つの例として ξ をうまく選べば，いつでも $\phi = 0$ とすることができる，ということである．このように，ポテンシャルのとり方には自由度がある．

▶▶ 演習問題

4.1 式 (4.3) を用いて，$r = 0$ の中心に電荷 q がある場合の静電ポテンシャル ϕ が，$1/r$ に比例することを導出せよ．

4.2 定常的に，半径 $r \leq a$ の無限円筒内に一様に電流 J_z が流れている場合に生じる磁場分布を求めよ．

第5章 プラズマの流体的取り扱い

第3章と第4章それぞれで，プラズマ中の1個の荷電粒子のふるまいや，電磁場の方程式について考えてきた．いよいよ本章では，プラズマ自身について調べていこう．この章では，プラズマをマクロに見る流体的取り扱いについて考える．具体的な例として，第1章で手短かに紹介したプラズマの集団的ふるまいであるプラズマ中の波を，流体方程式で考えよう．分布関数によるミクロな取り扱いは第6章で考える．

流体力学の考え方や，基礎方程式については，参考文献 [23] などの教科書を勧める．

5.1 基礎方程式

流体モデルでは，質量密度 ρ（あるいは電荷密度），速度 v，エネルギー（あるいは熱エネルギーを表すための温度 T など）を支配する方程式が必要である．

まず，連続方程式（連続の式）は例題 4.1 で導出された式 (4.8) で表される．粒子や電荷の湧き出しや，吸い込み S があれば，

$$\frac{\partial \rho}{\partial t} + \nabla \cdot \rho v = S, \quad \rho = mn \tag{5.1}$$

となる．

つぎに，運動方程式は，ニュートンによれば，

$$\rho \frac{dv}{dt} = F \tag{5.2}$$

である．この方程式は，流体力学ではラグランジュ形式の運動方程式とよばれ，目をつけた流体素片をずっと追いかけていく場合に用いられる．このことは，質点の動きを表すニュートンの運動方程式が，その質点に目をつけて，動いていく質点のそのときの位置に応じて力を計算し，その動きを追いかけていくことを考えればよく理解できる．つまり，独立変数は時間 t のみであり，式 (5.2) の左辺は時間 t の全微分で書かれている．

一方，連続の式 (5.1) では，独立変数として t と x が用いられている．連続の式 (5.1) の左辺第1項の時間の偏微分は，x を固定した場所での，密度 ρ の時間変化を表している．

時間 t だけでなく，場所 $\bm{x}$ と時間 t 両方を独立変数と考えれば，つまり，力 $\bm{F}(\bm{x},t)$ も場所 $\bm{x}$ と時間 t の関数とすれば，運動方程式 (5.2) の左辺は

$$\rho\frac{d\bm{v}}{dt} = \rho\left\{\frac{\partial\bm{v}}{\partial t} + (\bm{v}\cdot\nabla)\bm{v}\right\} = \bm{F}(\bm{x},t) \tag{5.3}$$

と書き換えられる．式 (5.3) の第 1 項などの全微分をラグランジュ微分とよぶ．第 2 項の括弧の中の $\dfrac{\partial\bm{v}}{\partial t}$ は，$\bm{v}$ についてのオイラー微分とよばれる．

それでは，式 (5.3) の意味を考えよう．

$$\frac{\partial\bm{v}}{\partial t} = -(\bm{v}\cdot\nabla)\bm{v} + \frac{1}{\rho}\bm{F}(\bm{x},t) \tag{5.4}$$

のように書き換えると，左辺はある場所 $\bm{x}$ を固定し，その場所で $\bm{v}$ がどのように変化するかを示している．流体あるいはプラズマは，その場所を次から次へと流れ去っていく．$(\bm{v}\cdot\nabla)\bm{v}$ は対流項とよばれ，流体が流れているためにあらわれる項である．

いま，図 5.1 のように，流体に力がはたらかず ($\bm{F} = \bm{0}$)，$v_x = $ 一定で，x 方向に流体が流れていて，y 方向の速度が x の小さいほうで大きくなっている場合を考えよう．このとき，時刻 $t = t$ では $v_y = v_y(t)$ の値が x で観測される．時刻 $t = t + \Delta t$ では，同じ場所 $\bm{x}$ で，より大きな $v_y = v_y(t + \Delta t)$ を感じることになる．これを数式で表すと，

$$\Delta v_y = -\Delta t v_x \frac{\partial v_y}{\partial x}$$

$$\therefore \lim_{\Delta t \to 0} \frac{\Delta v_y}{\Delta t} = \frac{\partial v_y}{\partial t} = -v_x\frac{\partial v_y}{\partial x} = -(\bm{v}\cdot\nabla)v_y \tag{5.5}$$

となり，対流項の意味が理解できる．一方，ラグランジュ形式で見て，ある流体素片を固定してずっと追いかけていくと，いま考えている図 5.1 の場合，v_y は変化しない (式 (5.2) 参照)．

さて，ここで $\bm{F}(\bm{x},t)$ について考えよう．$\bm{E}$ と $\bm{B}$ による力はもちろんローレンツ力としてはたらくが，ほかにも圧力勾配 ∇P があると力を及ぼす．そのため，

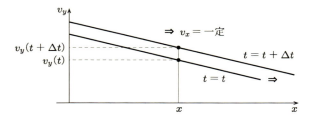

図 5.1 対流項の説明

$$\rho\left\{\frac{\partial \boldsymbol{v}}{\partial t}+(\boldsymbol{v}\cdot\nabla)\boldsymbol{v}\right\}=-\nabla P+qn(\boldsymbol{E}+\boldsymbol{v}\times\boldsymbol{B}) \tag{5.6}$$

が得られる．式 (5.6) の右辺第 1 項の圧力項には $-$ の符号がついている．これは，圧力の高いところから低いところに向かって力がかかることを示している[†1]．

連続方程式，運動方程式に，前章で見たマクスウェル方程式を結びつけて，プラズマのふるまいを表現することができる．ただ，運動方程式中の圧力 P をどう取り扱うかについても考える必要がある．たとえば，断熱関係が成り立つ場合

$$\frac{P}{\rho^{\gamma}}=\text{一定}, \quad \gamma=\frac{5}{3} \text{（理想ガスのとき）} \tag{5.7}$$

であり，等温関係が成り立つ場合

$$T=\text{一定} \tag{5.8}$$

となる．両方の場合において，圧力 P は密度 n で書けて方程式は閉じる．しかし，圧力 P が温度 T にも依存し，n と T の両方の関数でしか書けない場合には，エネルギー方程式をつくり，これを方程式系に加えて解かなければならない[†2]．

例題 5.1 ▶ 式 (5.6) の左辺第 2 項（対流項）について考察せよ[†3]．

解答 ▶ 式 (5.6) の左辺第 2 項は，$\boldsymbol{v}$ を二つ含んでいるので，$\boldsymbol{v}$ についての非線形項とよばれる．右辺の力がない場合で，さらに空間が 1 次元の場合について考える．すると，式 (5.6) は

$$\frac{\partial v}{\partial t}=-v\frac{\partial v}{\partial x}$$

となる．もし，流体の中に，海の波のように，まず小さな波が生じたとすると，$v>0$ かつ $\dfrac{\partial v}{\partial x}<0$ のところでは，$\dfrac{\partial v}{\partial t}>0$ となり，波頭のところが徐々に速くなり波が突っ立ってくる．浮世絵などにも見られる海の波が大波になって波頭が砕け散る絵や写真を思い出すと理解しやすいかと思われる．

[†1] 圧力の正体は粒子の衝突である．式 (5.6) などの流体方程式は，個々の粒子の運動を平均化したマクロな方程式である．流体モデルが成り立つのは，個々の粒子の衝突が十分行われている系を取り扱う場合である．個々の粒子の衝突を平均化して圧力項の形で表現している．
[†2] 本書では，エネルギー方程式を用いない範囲でプラズマを調べる．エネルギー方程式に興味のある読者は，参考文献 [3]〜[7]，[9] を参照のこと．
[†3] 本書では，この項をあらわに用いることはせずに，プラズマの性質を調べていく．しかし，この項が重要になる場合には，物理的におもしろいさまざまな現象があらわれる．興味のある読者は，参考文献 [6] や [9] などを参照されたい．

5.2 電子プラズマ波

ここでは,第1章で見たプラズマ振動,およびプラズマ振動に起因して伝播するプラズマ波を導出してみよう.

まず,導出の仮定を述べよう.

❶ 第1章と同じように,イオンは電子にくらべて非常に重いため動かず,空間に一様に粒子(数)密度 n_0 で分布しているとする.

❷ 現象は1次元とし,x のみに依存するとする.

❸ 磁場がなく,$\boldsymbol{B} = \boldsymbol{0}$ で静電的な現象(静電波)のみを見ることにする.

❹ 断熱関係が成り立つとする.この仮定では,考える波の波長にくらべて電子の動く距離が小さければ断熱的になる.

❺ 電子は全体としては静止している($v_{e0} = 0$)とする.

すると,基礎方程式は

$$\begin{cases} \dfrac{\partial n_e}{\partial t} + \dfrac{\partial n_e v_{ex}}{\partial x} = 0 & (5.9\text{a}) \\[2mm] m_e n_e \left(\dfrac{\partial v_{ex}}{\partial t} + v_{ex} \dfrac{\partial v_{ex}}{\partial x} \right) = -\dfrac{\partial P_e}{\partial x} - e n_e E & (5.9\text{b}) \\[2mm] \dfrac{\partial E}{\partial x} = \dfrac{1}{\epsilon_0} e (n_0 - n_e) & (5.9\text{c}) \end{cases}$$

となる[†1].ここで,

$$\begin{cases} n_e = n_0 + n_1 & (5.10\text{a}) \\ v_{ex} = 0 + v_1 & (5.10\text{b}) \\ E = 0 + E_1 & (5.10\text{c}) \end{cases}$$

とおいて,添字1の量は微小な振幅をもって振動する振動部分を表し,振動しない量にくらべて小さいとして線形化する.線形化とは,たとえば,$n_1 \times v_1$ のように添字1の小さな量の2次以上の項を0にして,n_1, v_1, E_1 についての1次の式にすることをいう.すると,基礎方程式 (5.9) は

$$\begin{cases} \dfrac{\partial n_1}{\partial t} + n_0 \dfrac{\partial v_1}{\partial x} = 0 & (5.11\text{a}) \\[2mm] m_e n_0 \dfrac{\partial v_1}{\partial t} = -e n_0 E_1 - \gamma T_0 \dfrac{\partial n_1}{\partial x} & (5.11\text{b}) \\[2mm] \dfrac{\partial E_1}{\partial x} = -\dfrac{1}{\epsilon_0} e n_1 & (5.11\text{c}) \end{cases}$$

[†1] ここまでに見たとおり,m_e は電子の質量,n_e は電子の粒子密度,v_e は電子の速度,P_e は電子の圧力を表す.

となる．1次の量が

$$n_1, v_1, E_1 \propto \exp(-i\omega t + ikx) \tag{5.12}$$

のように平面波で書けるとする．このことは，フーリエ変換した1成分について考えていくことに相当する．式(5.11a)〜(5.11c)は線形化したので，この方程式群の解は，得られる解の重ね合わせで求められる．そのため，フーリエ変換した1成分について調べれば十分である．

式(5.12)において，たとえば，n_1であれば$\bar{n}_1$のように，上にバーをつけて比例定数を表すことにする．すると，式(5.11a)〜(5.11c)は

$$\begin{cases} -i\omega\bar{n}_1 + ikn_0\bar{v}_1 = 0 & (5.13a) \\ -i\omega m_e n_0 \bar{v}_1 = -en_0\bar{E}_1 - ik\gamma T_0\bar{n}_1 & (5.13b) \\ ik\bar{E}_1 = -\dfrac{1}{\epsilon_0}e\bar{n}_1 & (5.13c) \end{cases}$$

と書ける．式(5.13a)より

$$\bar{n}_1 = \frac{kn_0}{\omega}\bar{v}_1 \tag{5.14}$$

が得られる．これを式(5.13c)に代入すると，

$$\bar{v}_1 = -\frac{\epsilon_0}{en_0}(i\omega)\bar{E}_1 \tag{5.15}$$

となり，式(5.13c)，(5.15)を式(5.13b)に代入して，

$$\left(1 - \frac{\omega_{pe}^2}{\omega^2} - \frac{\gamma k^2 T_0}{m_e \omega^2}\right)\bar{E}_1 \equiv \epsilon(k,\omega)\bar{E}_1 = 0 \tag{5.16}$$

を得る．ω_{pe}は式(1.14)で求めた**電子プラズマ（角）振動数**を表し，つぎのようになる．

$$\omega_{pe} = \sqrt{\frac{n_0 e^2}{m_e \epsilon_0}} \tag{5.17}$$

ここで，式(5.16)の解は，$\bar{E}_1 = 0$と$\epsilon(k,\omega) = 0$の二つが考えられる．$\bar{E}_1 = 0$はまったく電場が存在しない，つまり，波がない状態を示していて，興味のもてる解ではない．もう一つの解は$\epsilon(k,\omega) = 0$より

$$\omega^2 - \omega_{pe}^2 - \frac{\gamma k^2 T_0}{m_e} = 0 \tag{5.18}$$

であるが，$\epsilon(k,\omega) = 0$が成り立てば$\bar{E}_1 = 0$でなくてもよい．つまり，$\bar{E}_1 \neq 0$であってもよく，これはプラズマ中に電場が存在することを意味する．したがって，波が立ちうる．また，$\epsilon(k,\omega) = 0$はプラズマ中でどのような波が生じるかを示す情報を含ん

でいると考えられる．この関係式は k が ω に依存することを示しているので，**分散関係**とよばれる[†1]．式 (5.18) の解は

$$\omega^2 = \omega_{pe}^2 + \frac{\gamma k^2 T_0}{m_e} \tag{5.19}$$

である．$T_0 = 0$ のとき，つまり，プラズマが冷たいときは $\omega = \omega_{pe}$ となり，第 1 章で見たプラズマ振動が得られる．また，$T_0 \neq 0$ で

$$\frac{\omega}{k} \sim \frac{\omega_{pe}}{k} \gg \sqrt{\frac{T_0}{m_e}}$$

$$\therefore \quad k\lambda_e \ll 1 \tag{5.20}$$

のとき，つまり，最初に設定した計算の仮定❹断熱の仮定が成り立つとき[†2]，

$$\omega = \pm\sqrt{\omega_{pe}^2 + \gamma k^2 \frac{T_0}{m_e}} \sim \pm\omega_{pe}\left(1 + \frac{\gamma}{2}k^2\lambda_e^2\right), \quad \lambda_e^2 \equiv \frac{T\epsilon_0}{n_0 e^2} \tag{5.21}$$

となる．この分散関係の様子を図 5.2 に示した．この電子プラズマ波はラングミュア波ともよばれる．

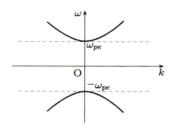

図 5.2 電子プラズマ波 (ラングミュア波) の分散関係

[†1] 波数 k，角周波数 ω が与えられると，その波の位相速度は ω/k，群速度は $d\omega/dk$ で与えられる．ω が k に比例する場合では，どの波数 k で，どの角周波数 ω の波でも，同じ速さで伝わるが，一般にはそうではない．波数 k と角周波数 ω によって速さは異なる．すなわち，ある時刻にある場所で，さまざまな波数 k と角周波数 ω の波を重ね合わせた波の塊があるとき，それぞれの波の速さが異なるため，その後の時刻ではその波の塊は広がってしまう．つまり，分散してしまう．そのため，式 (5.18) や式 (5.19) は，分散関係とよばれる．

[†2] 式 (5.20) が成り立つ場合は，いま考えている波の移動する速さが，電子の熱運動で動く速さにくらべて十分大きいということで，電子の熱エネルギーがその場所に留まっている．つまり，断熱されている間に，波は ω/k でずっと速く伝わるということである．これは，断熱の条件が満たされていることを意味する．また，式 (5.20) の $k\lambda_e \ll 1$ は，波の波長 $\lambda = 2\pi/k$ がデバイ波長 λ_e にくらべて十分長いということでもある ($\lambda \gg \lambda_e$)．長波長の波の場合は，分散関係を求めたときの仮定である断熱関係が成り立っていることを意味している．

5.3 イオン波

前節では，$\omega \sim \omega_{pe}$ のような高周波の電子プラズマ波を扱った．ここではイオンの動きも含め，低周波の波について考えてみよう．

つぎの四つの仮定をしよう．

❶ 現象は x の1次元にのみ依存するとする．
❷ 静電波を考えるものとする．
❸ 断熱関係が成り立つとする．
❹ 電子はイオンにくらべてずっと軽い ($m_e \ll m_i$) ので，$m_e = 0$ とする．

すると，基礎方程式は[†1]

$$\begin{cases} \dfrac{\partial n_e}{\partial t} + \dfrac{\partial (n_e v_{ex})}{\partial x} = 0 & (5.22\text{a}) \\[6pt] 0 = -\gamma T_e \dfrac{\partial n_e}{\partial x} - e n_e E & (5.22\text{b}) \\[6pt] \dfrac{\partial n_i}{\partial t} + \dfrac{\partial (n_i v_{ix})}{\partial x} = 0 & (5.22\text{c}) \\[6pt] m_i n_i \left(\dfrac{\partial v_{ix}}{\partial t} + v_{ix} \dfrac{\partial v_{ix}}{\partial x} \right) = -\gamma T_i \dfrac{\partial n_i}{\partial x} + e n_i E & (5.22\text{d}) \\[6pt] \dfrac{\partial E}{\partial x} = \dfrac{1}{\epsilon_0} e (n_i - n_e) & (5.22\text{e}) \end{cases}$$

となる．基礎方程式 (5.22) を線形化すると，

$$\begin{cases} \dfrac{\partial n_{e1}}{\partial t} + n_0 \dfrac{\partial v_{e1}}{\partial x} = 0 & (5.23\text{a}) \\[6pt] 0 = -\gamma T_e \dfrac{\partial n_{e1}}{\partial x} - e n_0 E_1 & (5.23\text{b}) \\[6pt] \dfrac{\partial n_{i1}}{\partial t} + n_0 \dfrac{\partial v_{i1}}{\partial x} = 0 & (5.23\text{c}) \\[6pt] m_i n_0 \dfrac{\partial v_{i1}}{\partial t} = -\gamma T_i \dfrac{\partial n_{i1}}{\partial x} + e n_0 E_1 & (5.23\text{d}) \\[6pt] \dfrac{\partial E_1}{\partial x} = \dfrac{1}{\epsilon_0} e (n_{i1} - n_{e1}) & (5.23\text{e}) \end{cases}$$

となる．ここでも，フーリエ変換した1成分 $n_{e1}, v_{e1}, n_{i1}, v_{i1}, E_1 \propto \exp(-i\omega t + ikx)$ についてだけ考えていく．この際，$m_e = 0$ としたため，式 (5.23a) は不要になる．前節と同様の計算を行うと，

[†1] ここで，m_i はイオンの質量，n_i はイオンの粒子密度，v_i はイオンの速度，T_i はイオンの温度を表す．この節でも，電子とイオンは，どちらも全体として静止している ($v_{e0} = 0, v_{i0} = 0$) としている．

$$\epsilon(k,\omega)\bar{E}_1 = \left(1 - \frac{\omega_{pi}^2}{\omega^2 - \frac{k^2\gamma T_i}{m_i}} + \frac{\omega_{pe}^2}{\frac{k^2\gamma T_e}{m_e}}\right)\bar{E}_1 = 0 \tag{5.24}$$

を得る．ここで，ω_{pi} はイオンプラズマ振動数である．この場合もプラズマ中に生じうるイオン波の分散関係を求めるため，$\epsilon(k,\omega) = 0$ を解くと，

$$\omega^2 = \frac{k^2\gamma T_i}{m_i} + \frac{k^2\gamma T_e}{m_i(1+\gamma k^2 \lambda_e^2)} \tag{5.25}$$

を得る．ここで，λ_e は電子のデバイ長である．$k^2\lambda_e^2 \ll 1$ のような長波長の場合，つまり，電子による遮蔽がよく行われる場合，

$$\omega^2 \sim k^2\left\{\frac{\gamma(T_i+T_e)}{m_i}\right\} \equiv k^2 c_s^2 \tag{5.26}$$

となり，これを**イオン音波**とよぶ．図 5.3 には $T_i = 0$ の場合の分散関係の様子を示した．$T_i = 0$ で $k^2\lambda_e^2 \gg 1$（波長 $\lambda = 2\pi/k$ が λ_e にくらべて十分短い）の場合では，$\omega^2 \sim \omega_{pi}^2$ となりイオンプラズマ振動を表す．この場合は，電子は一様なバックグラウンド(背景)となり，イオンが振動する．

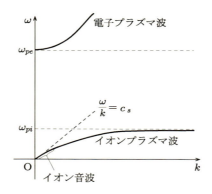

図 5.3　イオン波の分散関係

5.4　電磁波

いままでは縦波すなわち，静電波について考えてきたが，ここでは横波すなわち，電磁波について考えてみよう[†1]．つぎの四つを仮定する．

[†1] 音波のように，媒質が波の進行方向に振動する場合を縦波とよび，電磁波のように，波の進行方向とは垂直方向(横方向)に電場や磁場が振動する場合を横波ともよぶ．5.2, 5.3 節で見た縦波は媒質がないと伝わらないので，プラズマの外側には伝わらない．しかし，電磁波はプラズマの外側が真空でもプラズマの外側まで伝わっていく．

❶ イオンは動かないとする．
❷ 現象は，x の 1 次元のみに依存するとする．
❸ プラズマ全体としては動いていないとする．
❹ 温度は 0，すなわち圧力 $P = 0$ とする．

すると，基礎方程式は，

$$\begin{cases} m_e \left\{ \dfrac{\partial \bm{v}_e}{\partial t} + (\bm{v}_e \cdot \nabla) \bm{v}_e \right\} = -e(\bm{E} + \bm{v}_e \times \bm{B}) & \text{(5.27a)} \\ \nabla \times \bm{E} = -\dfrac{\partial \bm{B}}{\partial t} & \text{(5.27b)} \\ \nabla \times \bm{H} = \bm{J} + \dfrac{\partial \bm{D}}{\partial t} & \text{(5.27c)} \end{cases}$$

である．ここで，式 (5.27) の線形化を行うと

$$\begin{cases} m_e \dfrac{\partial \bm{v}_1}{\partial t} = -e\bm{E}_1 & \text{(5.28a)} \\ \nabla \times \bm{E}_1 = -\dfrac{\partial \mu_0 \bm{H}_1}{\partial t} & \text{(5.28b)} \\ \nabla \times \bm{H}_1 = -en_0 \bm{v}_1 + \dfrac{\partial \epsilon_0 \bm{E}_1}{\partial t} & \text{(5.28c)} \end{cases}$$

となる．まず，式 (5.28c) を時間で微分するとつぎのようになる．

$$\nabla \times \dfrac{\partial \bm{H}_1}{\partial t} = -en_0 \dfrac{\partial \bm{v}_1}{\partial t} + \dfrac{\partial^2 \epsilon_0 \bm{E}_1}{\partial t^2} \tag{5.29}$$

これに式 (5.28a)，(5.28b) を代入して，

$$-\dfrac{1}{\mu_0} \nabla \times \nabla \times \bm{E}_1 = \dfrac{n_0 e^2}{m_e} \bm{E}_1 + \epsilon_0 \dfrac{\partial^2 \bm{E}_1}{\partial t^2} \tag{5.30}$$

となる．前節までと同様に，添字 1 の摂動，すなわち，波を表す物理量について，平面波つまりフーリエ変換した 1 成分 (式 (5.12) を参照のこと) について考える．すると，式 (5.30) は

$$-\dfrac{1}{\mu_0 \epsilon_0} k^2 \bm{E}_1 = \omega_{pe}^2 \bm{E}_1 - \omega^2 \bm{E}_1$$

$$\therefore \quad \left(\omega^2 - \omega_{pe}^2 - \dfrac{k^2}{\mu_0 \epsilon_0} \right) \bm{E}_1 = 0 \tag{5.31}$$

となる[†1]．ω_{pe} は電子プラズマ（角）振動数 $\sqrt{n_0 e^2/(m_e \epsilon_0)}$ である．$1/(\mu_0 \epsilon_0) = c^2$ に注意すると，電磁波の分散関係は

$$\omega^2 = \omega_{pe}^2 + k^2 c^2 \tag{5.32}$$

[†1] 例題 5.2 を参照のこと．

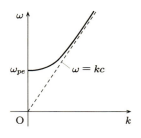

図 5.4 電磁波の分散関係

となる．プラズマが存在しない場合，$\omega_{pe}^2 = 0$ で $\omega^2 = k^2 c^2$，つまり，真空中の電磁波を表現している．また，$k \to 0$（長波長の極限）のときは $\omega^2 \sim \omega_{pe}^2$ となり，プラズマ振動数となる．この様子を図 5.4 に示す．

例題 5.2 ▶ 式 (5.30) から式 (5.31) を導出せよ．

解答 ▶ 式 (5.30) の左辺に，付録 A.2 の公式 $\nabla^2 \boldsymbol{a} = \Delta \boldsymbol{a} = \nabla(\nabla \cdot \boldsymbol{a}) - \nabla \times (\nabla \times \boldsymbol{a})$ を用いる．すると，つぎのようになる．

$$-\nabla \times (\nabla \times \boldsymbol{E}_1) = \nabla^2 \boldsymbol{E}_1 - \nabla(\nabla \cdot \boldsymbol{E}_1)$$

ここに，$E_1 \propto \exp(-i\omega t + ikx)$ を用いると，式 (5.30) の左辺は，$-(k^2/\mu_0)\bar{\boldsymbol{E}}_1$ と求められる．このとき，考えている波が電磁波で横波であることから $\boldsymbol{k} \perp \boldsymbol{E}_1$ を用いた．右辺にもフーリエ変換した 1 成分を代入して，式 (5.31) を得る．

いま，式 (5.32) から波の位相速度 ω/k を導出してみよう．

$$\frac{\omega^2}{k^2} = \frac{\omega_{pe}^2}{k^2} + c^2 = \frac{c^2}{1 - \dfrac{\omega_{pe}^2}{\omega^2}} \tag{5.33}$$

このように，プラズマ中の電磁波の速さは光速 c より速い．ところで，式 (5.33) の第 3 項で $\omega_{pe}^2 > \omega^2$ の場合は

$$\frac{\omega^2}{k^2} < 0 \tag{5.34}$$

となってしまい，ω を実数とすれば k が虚数となる．いままで，波は $\exp(-i\omega t + ikx)$ の形で進む平面波であるとしてきた．したがって，$k = iK$ として

$$\omega_{pe} > \omega \text{のとき} \quad |E_1|, |B_1| \propto \exp(-Kx) \tag{5.35}$$

となり，$\omega_{pe} > \omega$ の領域では電磁波は伝播できないことがわかる．つまり，反射され

てしまうのである．そこで，プラズマ振動数 ω_{pe} のことをカットオフ周波数，あるいは，遮断周波数ともよぶ．

長距離の通信に，電磁波を電離層で反射させる方法があるが，これはまさに電離層の電子が電磁波を反射させるよい例である．

5.5 電磁流体力学 (MHD) 方程式

前節までは，プラズマ中のイオンと電子をそれぞれ一つの種類の流体と考えた．つまり，プラズマをイオン流体と電子流体の 2 流体として扱った．本節では，プラズマを 1 流体として扱う手法について考えよう．

一つの種類の流体中の粒子どうしの相互作用，つまり粒子どうしの衝突が十分なされる場合に，流体方程式が使える．2.5 節の式 (2.49) で考えたように，同種粒子はよく衝突する傾向にあり，イオンと電子間のような異種粒子間の衝突は，比較的少なくなる．それでも，プラズマのゆっくりした運動を調べたいときもある．たとえば，磁場中のプラズマの平衡状態などを扱うときがある．このような場合，イオンと電子を 1 流体として記述できる．この 1 流体モデルは，以下に示す電磁流体力学 (MHD) 方程式で記述される．

まず，電子とイオンの連続方程式

$$\frac{\partial n_e}{\partial t} + \nabla \cdot (n_e \boldsymbol{v}_e) = 0 \tag{5.36}$$

$$\frac{\partial n_i}{\partial t} + \nabla \cdot (n_i \boldsymbol{v}_i) = 0 \tag{5.37}$$

から，$m_e \times$ 式 (5.36)$+m_i \times$ 式 (5.37) をつくると，

$$\frac{\partial}{\partial t}(m_e n_e + m_i n_i) + \nabla \cdot (m_e n_e \boldsymbol{v}_e + m_i n_i \boldsymbol{v}_i) = 0 \tag{5.38}$$

となる．ここで，

$$\rho_m \equiv m_e n_e + m_i n_i \tag{5.39}$$

$$\rho_m \boldsymbol{v} \equiv m_e n_e \boldsymbol{v}_e + m_i n_i \boldsymbol{v}_i \tag{5.40}$$

とすると，つぎの質量の連続の式が得られる．

$$\frac{\partial \rho_m}{\partial t} + \nabla \cdot (\rho_m \boldsymbol{v}) = 0 \tag{5.41}$$

つぎに，電荷の連続の式を求めよう．そのため，$q_i \times$ 式 (5.37) $- e \times$ 式 (5.36) をつくると，

$$\frac{\partial}{\partial t}(q_i n_i - e n_e) + \nabla \cdot (n_i q_i \boldsymbol{v}_i - n_e e \boldsymbol{v}_e) = 0 \tag{5.42}$$

を得る．これは，電荷密度 ρ_c と電流密度 $\boldsymbol{J}$ が

$$\rho_c \equiv n_i q_i - n_e e \tag{5.43}$$

$$\boldsymbol{J} \equiv n_i q_i \boldsymbol{v}_i - n_e e \boldsymbol{v}_e \tag{5.44}$$

と書けることから，電荷の連続の式が得られる．

$$\frac{\partial \rho_c}{\partial t} + \nabla \cdot \boldsymbol{J} = 0 \tag{5.45}$$

つぎに，運動方程式を考えよう．まず，イオンと電子の運動方程式を書いてみる．

$$m_i n_i \left\{ \frac{\partial \boldsymbol{v}_i}{\partial t} + (\boldsymbol{v}_i \cdot \nabla) \boldsymbol{v}_i \right\} = -\nabla P_i + n_i q_i (\boldsymbol{E} + \boldsymbol{v}_i \times \boldsymbol{B}) + \boldsymbol{F}_{ie} \tag{5.46}$$

$$m_e n_e \left\{ \frac{\partial \boldsymbol{v}_e}{\partial t} + (\boldsymbol{v}_e \cdot \nabla) \boldsymbol{v}_e \right\} = -\nabla P_e - n_e e (\boldsymbol{E} + \boldsymbol{v}_e \times \boldsymbol{B}) - \boldsymbol{F}_{ie} \tag{5.47}$$

ここで，$\boldsymbol{F}_{ie}$ はイオン流体と電子流体の間での衝突相互作用を表す．式 (5.46) + 式 (5.47) をつくると，つぎのようになる．

$$m_i n_i \left\{ \frac{\partial \boldsymbol{v}_i}{\partial t} + (\boldsymbol{v}_i \cdot \nabla) \boldsymbol{v}_i \right\} + m_e n_e \left\{ \frac{\partial \boldsymbol{v}_e}{\partial t} + (\boldsymbol{v}_e \cdot \nabla) \boldsymbol{v}_e \right\}$$
$$= -\nabla P + \rho_c \boldsymbol{E} + \boldsymbol{J} \times \boldsymbol{B} \tag{5.48}$$

ここで，$P = P_i + P_e$ である．式 (5.48) の左辺に式 (5.36) と式 (5.37) を用いて，

$$\text{式 (5.48) の左辺} + \text{式 (5.36)} \times m_e \boldsymbol{v}_e + \text{式 (5.37)} \times m_i \boldsymbol{v}_i$$
$$= \frac{\partial \rho_m \boldsymbol{v}}{\partial t} + \nabla \cdot (m_e n_e \boldsymbol{v}_e \boldsymbol{v}_e + m_i n_i \boldsymbol{v}_i \boldsymbol{v}_i)$$
$$\sim \frac{\partial \rho_m \boldsymbol{v}}{\partial t} + \nabla \cdot (\rho_m \boldsymbol{v} \boldsymbol{v}) \tag{5.49}$$

を得る．ここで，電子の速度 $\boldsymbol{v}_e$ とイオンの速度 $\boldsymbol{v}_i$ はそれほど大きく異なっていないと考えて，

$$m_e n_e \boldsymbol{v}_e \boldsymbol{v}_e + m_i n_i \boldsymbol{v}_i \boldsymbol{v}_i \sim (m_e n_e \boldsymbol{v}_e + m_i n_i \boldsymbol{v}_i) \boldsymbol{v} = \rho_m \boldsymbol{v} \boldsymbol{v} \tag{5.50}$$

と近似した．また，式 (5.49) $- \boldsymbol{v} \cdot$ 式 (5.41) を計算すると，運動方程式

$$\rho_m \left\{ \frac{\partial \boldsymbol{v}}{\partial t} + (\boldsymbol{v} \cdot \nabla) \boldsymbol{v} \right\} = -\nabla P + \rho_c \boldsymbol{E} + \boldsymbol{J} \times \boldsymbol{B} \tag{5.51}$$

が得られる．

5.5 電磁流体力学 (MHD) 方程式

ここまでで，式 (5.41)，(5.45)，(5.51) が得られた．方程式中の変数としては，ρ_m, ρ_c, $\boldsymbol{v}$, $\boldsymbol{E}$, $\boldsymbol{B}$, P, $\boldsymbol{J}$ がある．ρ_m, ρ_c, $\boldsymbol{v}$ は得られた三つの式で表現できる．また，$\boldsymbol{E}$ と $\boldsymbol{B}$ はマクスウェル方程式により表現でき，P は状態方程式かエネルギー方程式を導入することにより表現できる．残るは $\boldsymbol{J}$ である．そこで，$q_i/m_i \times$ 式 (5.46) $- e/m_e \times$ 式 (5.47) をつくると，

$$q_i n_i \left\{ \frac{\partial \boldsymbol{v}_i}{\partial t} + (\boldsymbol{v}_i \cdot \nabla)\boldsymbol{v}_i \right\} - e n_e \left\{ \frac{\partial \boldsymbol{v}_e}{\partial t} + (\boldsymbol{v}_e \cdot \nabla)\boldsymbol{v}_e \right\}$$
$$= -\frac{q_i}{m_i}\nabla P_i + \frac{e}{m_e}\nabla P_e + \frac{n_i q_i^2}{m_i}(\boldsymbol{E} + \boldsymbol{v}_i \times \boldsymbol{B}) + \frac{n_e e^2}{m_e}(\boldsymbol{E} + \boldsymbol{v}_e \times \boldsymbol{B})$$
$$+ \frac{q_i}{m_i}\boldsymbol{F}_{ie} + \frac{e}{m_e}\boldsymbol{F}_{ie} \tag{5.52}$$

となる．また，$q_i \times$ 式 (5.37) $- e \times$ 式 (5.36) を用いて，

$$\frac{\partial \boldsymbol{J}}{\partial t} + \nabla \cdot (\boldsymbol{Jv})$$
$$\sim \frac{e}{m_e}\nabla P_e + \frac{n_e e^2}{m_e}(\boldsymbol{E} + \boldsymbol{v}_e \times \boldsymbol{B}) + \frac{e}{m_e}\boldsymbol{F}_{ie} \tag{5.53}$$

となる．ここで，$m_i \gg m_e$ を用いた．また，おおむね $P_e \sim P/2$ と考えよう．さらに変形して，

$$\frac{\partial \boldsymbol{J}}{\partial t} \sim \frac{e}{2m_e}\nabla P + \frac{n_e e^2}{m_e}(\boldsymbol{E} + \boldsymbol{v} \times \boldsymbol{B}) - \frac{e}{m_e}\boldsymbol{J} \times \boldsymbol{B} - \frac{n_e e^2}{m_e}\frac{\boldsymbol{J}}{\sigma}$$
$$\sim \frac{e}{m_e}\left\{ \frac{1}{2}\nabla P + \frac{\rho_m e}{m_i}(\boldsymbol{E} + \boldsymbol{v} \times \boldsymbol{B}) - \boldsymbol{J} \times \boldsymbol{B} - \frac{\rho_m e}{m_i}\frac{\boldsymbol{J}}{\sigma} \right\} \tag{5.54}$$

ここでは，$\boldsymbol{v}_i, \boldsymbol{v}_e, \boldsymbol{v}$ がおおよそ同程度で $\boldsymbol{v}_i \sim \boldsymbol{v}_e \sim \boldsymbol{v}$ であり，さらに小さいとして，$\nabla \cdot (\boldsymbol{Jv})$ を無視した．また，$n_e \sim \rho_m/m_i$ を用いた．さらに，$\boldsymbol{F}_{ie} \sim -\nu m_e n_e (\boldsymbol{v}_i - \boldsymbol{v}_e)$（$\nu$ はイオン電子間の衝突周波数）と考えられることと，電気伝導度 σ が $n_e e^2/(m_e \nu)$ で書けることから，$\boldsymbol{F}_{ie} \sim -\rho_m e \boldsymbol{J}/(\sigma m_i)$ とした．

ここで，圧力勾配が小さく $\nabla P \sim 0$ で，$\partial \boldsymbol{J}/\partial t \sim 0$，$\boldsymbol{J} \sim 0$ のとき，つまり，$\boldsymbol{J}$ が小さく，時間的に大きく変化しないときを考えよう．すると，式 (5.54) は

$$\boldsymbol{J} = \sigma (\boldsymbol{E} + \boldsymbol{v} \times \boldsymbol{B}) \tag{5.55}$$

となる．また，$\sigma \to \infty$ のときは，

$$\boldsymbol{E} = -\boldsymbol{v} \times \boldsymbol{B} \tag{5.56}$$

となる．$\sigma \to \infty$ のときは，正味の電荷 ρ_c が生じず，$\rho_c = 0$ と考えられる．

こうして，式 (5.41)，(5.45)，(5.51)，(5.54) とマクスウェル方程式に状態方程式（ま

たはエネルギー方程式) を合わせて，MHD 方程式がそろったことになる (詳しくは文献 [3], [5] などを参照のこと).

5.6 磁場の凍結

前節で見たように，プラズマが完全導体で $\sigma \to \infty$ のときは，

$$E = -v \times B \tag{5.57}$$

であるので，$\sigma \to \infty$ のときは，

$$\frac{\partial B}{\partial t} = -\nabla \times E = \nabla \times (v \times B) \tag{5.58}$$

となる．

ある閉じた面 S を通る磁場の総量，磁束 Φ の時間変化を考えてみよう．

$$\Phi = \int_S B \cdot dS \tag{5.59}$$

この磁束 Φ の時間変化は

$$\frac{d\Phi}{dt} = \int_S \frac{\partial B}{\partial t} \cdot dS + \int_C B \cdot (v \times dl) \tag{5.60}$$

となる．ここで，閉じた面 S は v で動いており，C は閉じた面 S を囲む閉曲線である．この式 (5.60) に式 (5.58) をあてはめて，

$$\begin{aligned}
\frac{d\Phi}{dt} &= \int_S \nabla \times (v \times B) \cdot dS + \int_C B \cdot (v \times dl) \\
&= \int_C (v \times B) \cdot dl + \int_C B \cdot (v \times dl) \\
&= -\int_C B \cdot (v \times dl) + \int_C B \cdot (v \times dl) \\
&= 0
\end{aligned} \tag{5.61}$$

となり，プラズマが完全導体 $\sigma \to \infty$ のときには，v で動くプラズマと磁力線はいっしょに動くことを示している．つまり，プラズマが完全導体とみなされるときは，プラズマに磁力線が凍りつくように見えることになる．もし，完全導体のプラズマと磁力線がいっしょに動かず，相対的にずれて動くとすると，$E = v \times B$ によってプラズマ中に電界が生じ，$\sigma = \infty$ であるから，無限大の電流が流れることになってしまう．したがって，プラズマが完全導体であるときは，プラズマに磁場が凍りついて，いっしょに動くことになる．

▶▶ 演習問題

5.1 流体方程式により，有限の大きさのプラズマの総粒子数が保存されることを示せ．

5.2 本章では，流体的取扱いにより，プラズマ中に生成されるプラズマ波などの波を考えた．その際，物理量の 1 次の量 n_1, v_1, E_1 などが式 (5.12) などのように，$n_1, v_1, E_1 \propto \exp(-i\omega t + ikx)$ のようなフーリエ変換した 1 成分で書けるものとした．実際にプラズマの中に生じる摂動（波）のイメージを考えてみよ．

第6章 プラズマの分布関数による取り扱い

第5章では，プラズマを流体として考えて，取り扱った．流体として取り扱うということは，プラズマをマクロに見るということである．つまり，たとえある場所でプラズマ中の粒子の速度に分布があっても，それについては平均化し，平均速度で表現してしまう．したがって，速度の分布に依存するようなミクロな現象については，流体的取り扱いでは対応できない．そこで，本章ではミクロに取り扱う手法，つまり，分布関数による取り扱いについて考える[†1]．

本章ででてくる分布関数や気体運動論については，参考文献 [20] などの統計力学の教科書を勧める．

6.1 ヴラソフ方程式

6.1.1 リューヴィユ方程式

いま，n 個の粒子を考え，位置を $\boldsymbol{X}_i(t)$ $(i=1,\ldots,n)$，速度を $\boldsymbol{V}_i(t)$ $(i=1,\ldots,n)$ とすると，この粒子系の位相空間 $(\boldsymbol{x}_i, \boldsymbol{v}_i; i=1,\ldots,n)$ 内における密度 N は

$$N(\boldsymbol{x}_1,\ldots,\boldsymbol{x}_n;\boldsymbol{v}_1,\ldots,\boldsymbol{v}_n) = \prod_{i=1}^{n} \delta(\boldsymbol{x}_i - \boldsymbol{X}_i)\delta(\boldsymbol{v}_i - \boldsymbol{V}_i) \tag{6.1}$$

と書ける．ここで，$\prod_{i=1}^{n} z_i = z_1 \cdot z_2 \cdots z_n$ である．これは，$6n$ 次元の空間 $(\boldsymbol{x}_i, \boldsymbol{v}_i; i=1,\ldots,n)$ の中で，n 個の粒子の系を表す1点がどこにあるかを示している．

$n=1$ の場合から考えていくとわかりやすい．また，$\delta(\boldsymbol{x}_i - \boldsymbol{X}_i)$ はデルタ関数であり，i 番目の粒子がいる場所 $\boldsymbol{X}_i$ でのみ無限大の値をもち，それ以外ではゼロである．すなわち，つぎのようになる．

$$\delta(\boldsymbol{x}_i - \boldsymbol{X}_i) = \begin{cases} \infty & (\boldsymbol{x}_i = \boldsymbol{X}_i) \\ 0 & (\boldsymbol{x}_i \neq \boldsymbol{X}_i) \end{cases} = \delta(\boldsymbol{X}_i - \boldsymbol{x}_i) \tag{6.2}$$

また，

[†1] 本章では，磁場がある場合や電磁波については詳しくは触れない．本章の内容をさらに詳しく知りたい方には，参考文献 [3] と [9] を勧める．

$$\int_{-\infty}^{\infty} \delta(\boldsymbol{x}_i - \boldsymbol{X}_i) d\boldsymbol{x}_i = 1 \tag{6.3}$$

なる関数である（詳しくは付録 A.4 を参照のこと）．

ここで，式 (6.1) の時間微分を考える．独立変数は $(t, \boldsymbol{x}_i, \boldsymbol{v}_i; i = 1, \ldots, n)$，粒子の位置 $\boldsymbol{X}_i(t)(i = 1, \ldots, n)$ と速度 $\boldsymbol{V}_i(t)(i = 1, \ldots, n)$ が時間に依存する．

$$\begin{aligned}\frac{\partial N}{\partial t} &= \sum_{i=1}^{n} \frac{\partial \boldsymbol{X}_i}{\partial t} \cdot \frac{\partial}{\partial \boldsymbol{X}_i} \left\{ \prod_{i=1}^{n} \delta(\boldsymbol{x}_i - \boldsymbol{X}_i) \delta(\boldsymbol{v}_i - \boldsymbol{V}_i) \right\} \\ &+ \sum_{i=1}^{n} \frac{\partial \boldsymbol{V}_i}{\partial t} \cdot \frac{\partial}{\partial \boldsymbol{V}_i} \left\{ \prod_{i=1}^{n} \delta(\boldsymbol{x}_i - \boldsymbol{X}_i) \delta(\boldsymbol{v}_i - \boldsymbol{V}_i) \right\}\end{aligned} \tag{6.4}$$

また，

$$\frac{\partial \boldsymbol{X}_i}{\partial t} = \boldsymbol{V}_i \tag{6.5}$$

$$\boldsymbol{V}_i \delta(\boldsymbol{v}_i - \boldsymbol{V}_i) = \boldsymbol{v}_i \delta(\boldsymbol{V}_i - \boldsymbol{v}_i) \tag{6.6}$$

$$\frac{\partial}{\partial \boldsymbol{X}_i} \delta(\boldsymbol{x}_i - \boldsymbol{X}_i) = -\frac{\partial}{\partial \boldsymbol{x}_i} \delta(\boldsymbol{x}_i - \boldsymbol{X}_i) \tag{6.7}$$

であるから，

$$\frac{\partial N}{\partial t} = \sum_{i=1}^{n} (-\boldsymbol{v}_i) \cdot \frac{\partial N}{\partial \boldsymbol{x}_i} + \sum_{i=1}^{n} \left(-\frac{\partial \boldsymbol{V}_i}{\partial t} \right) \cdot \frac{\partial N}{\partial \boldsymbol{v}_i} \tag{6.8}$$

を得る．ここで，$\partial \boldsymbol{V}_i / \partial t$ を

$$m \frac{\partial \boldsymbol{V}_i}{\partial t} = q \{ \boldsymbol{E}(\boldsymbol{X}_i, t) + \boldsymbol{V}_i \times \boldsymbol{B}(\boldsymbol{X}_i, t) \} \tag{6.9}$$

の運動方程式でおき換えることができる．したがって，式 (6.9) は式 (6.6) の関係を用いて，$\boldsymbol{V}_i$ を $\boldsymbol{v}_i$ におき換え，$\boldsymbol{E}$ と $\boldsymbol{B}$ を求める位置を $\boldsymbol{X}_i$ から $\boldsymbol{x}_i$ におき換えた式に変えられる．こうして，

$$\frac{\partial N}{\partial t} + \sum_{i=1}^{n} \boldsymbol{v}_i \cdot \frac{\partial N}{\partial \boldsymbol{x}_i} + \sum_{i=1}^{n} \frac{\partial \boldsymbol{v}_i}{\partial t} \cdot \frac{\partial N}{\partial \boldsymbol{v}_i} = 0 \tag{6.10}$$

を得る．この式は**リューヴィユ方程式**とよばれる．式 (6.9) とマクスウェル方程式 (4.5) とこの式 (6.10) を結合して解けば，プラズマの運動は厳密に求めることができる．

また，$6n$ 次元位相空間の中で考えるのであれば，系の状態を表す点が動いていく軌道にそって，$N(\boldsymbol{x}_1, \ldots, \boldsymbol{x}_n; \boldsymbol{v}_1, \ldots, \boldsymbol{v}_n)$ が保存されそうだと考えられる．実際に，式 (6.10) は全微分の形で

$$\frac{d}{dt} N(\boldsymbol{x}_1, \ldots, \boldsymbol{x}_n; \boldsymbol{v}_1, \ldots, \boldsymbol{v}_n) = 0 \tag{6.11}$$

と書ける.確かに,$6n$ 次元位相空間の中で,系の状態を表す点が動いていく軌道にそって,$N(\boldsymbol{x}_1,\ldots,\boldsymbol{x}_n;\boldsymbol{v}_1,\ldots,\boldsymbol{v}_n)$ が保存されることを表している.

さて,式 (6.1) で定義された密度 N はデルタ関数で表現されていて,なめらかな関数ではない.しかも,リューヴィユ方程式 (6.10) は,1 個 1 個の粒子の運動方程式を解いた場合に得られる精密な解と同じ解を与える精密な式である.興味があるのは,もう少しなめらかな関数で書ける方程式であるので,密度 N を統計的に平均した関数 f を用いることにしよう.

$$f(\boldsymbol{x}_1,\ldots,\boldsymbol{x}_n;\boldsymbol{v}_1,\ldots,\boldsymbol{v}_n) = \langle N(\boldsymbol{x}_1,\ldots,\boldsymbol{x}_n;\boldsymbol{v}_1,\ldots,\boldsymbol{v}_n)\rangle \tag{6.12}$$

つまり,f は,考えている系が位相空間 $(\boldsymbol{x}_1,\ldots,\boldsymbol{x}_n;\boldsymbol{v}_1,\ldots,\boldsymbol{v}_n)$ に存在する確率を表す.

6.1.2 ヴラソフ方程式

リューヴィユ方程式は系のふるまいを厳密に表す式であった.ここで,前節で求められたリューヴィユ方程式を基礎にして考えていく.式 (6.12) で与えられた $f(\boldsymbol{x}_1,\ldots,\boldsymbol{x}_n;\boldsymbol{v}_1,\ldots,\boldsymbol{v}_n)$ から,$(n-1)$ 個,$(n-2)$ 個,$\ldots$ の粒子に対する存在確率 $f_{n-1}, f_{n-2}, \ldots$ を

$$\begin{aligned}f_{n-L}&(\boldsymbol{x}_1,\ldots,\boldsymbol{x}_{n-L};\boldsymbol{v}_1,\ldots,\boldsymbol{v}_{n-L})\\&= V^{n-L}\int f(\boldsymbol{x}_1,\ldots,\boldsymbol{x}_n;\boldsymbol{v}_1,\ldots,\boldsymbol{v}_n)d\boldsymbol{x}_{n-L+1}\cdots d\boldsymbol{x}_n\,d\boldsymbol{v}_{n-L+1}\,d\boldsymbol{v}_n\end{aligned} \tag{6.13}$$

のように定義しよう.ここで

$$V = \int f_1(\boldsymbol{x}_1;\boldsymbol{v}_1)d\boldsymbol{x}_1\,d\boldsymbol{v}_1 \tag{6.14}$$

である.

この f_{n-L} を用いて,リューヴィユ方程式を変形すると,BBGKY 階級方程式を得ることができる.この方程式は閉じた方程式系ではなく,一体の分布関数 f_1 を求めるには f_2 を求める必要があり,f_2 を求めるには f_3 を求める必要がある,というように続く.つまり,どこかで近似を入れて方程式を強制的に閉じさせない限り,解けない方程式系である[†1].

たとえば,f_2 を

[†1] ここでは,その導出は長くなるので省略する.詳しく知りたい読者は,参考文献 [3] あるいは [9] を参照のこと.

$$f_2(a,b) = f_1(a)f_1(b) + g(a,b) \tag{6.15}$$

のように書こう．右辺第 1 項は a の粒子と b の粒子が独立に存在する場合を表す．また，第 2 項は a と b の粒子がたがいに影響しあうことを示し，相関関数とよばれる．ここで，$g(a,b) = 0$ の場合，つまり，粒子がまったく相関しないと近似する場合，f_{n-L} はすべて f_1 のみで書ける．こうすると，BBGKY の階級が断ち切られる．この近似は，通常の気体プラズマに対してよい近似を与える．こうして，

$$\frac{\partial f_1}{\partial t} + (\boldsymbol{v} \cdot \nabla)f_1 + \boldsymbol{a} \cdot \frac{\partial f_1}{\partial \boldsymbol{v}} = 0 \tag{6.16}$$

なる**ヴラソフ方程式**を得る．あるいは，この式 (6.16) は**無衝突ボルツマン方程式**ともよばれる．ここで，$\boldsymbol{a}$ は加速度を表す．外力を $\boldsymbol{F}_\text{ext}$ として，つぎのように表せる．

$$\boldsymbol{a} = \frac{q}{m}(\boldsymbol{E} + \boldsymbol{v} \times \boldsymbol{B}) + \frac{1}{m}\boldsymbol{F}_\text{ext} \tag{6.17}$$

ヴラソフ方程式をマクスウェル方程式と結合して解けば，プラズマのふるまいを記述することができる．

ここで，式 (6.11) のように，式 (6.16) を時間についての全微分の形で書いてみる．

$$\frac{df_1}{dt} = 0 \tag{6.18}$$

すると，f_1 は粒子の軌道にそって一定であることがわかる．

ここで，f_1 が $A_1, \ldots, A_j$ なる量の関数であるとしてみよう．すると，式 (6.18) は，

$$\sum_{i=1}^{j} \frac{\partial f_1}{\partial A_i} \frac{dA_i}{dt} = 0 \tag{6.19}$$

と書ける．d/dt は粒子の軌道にそっての微分であるので，もし A_i がエネルギー H といった運動の保存量であれば，

$$\frac{dA_i}{dt} = 0 \tag{6.20}$$

であるから，式 (6.19) が成り立つ．つまり，f_1 は運動の保存量の関数であると考えられる．

6.2 平衡解

この節ではヴラソフ方程式 (6.16) の平衡解を求めてみよう．つまり，

$$(\boldsymbol{v} \cdot \nabla)f + \boldsymbol{a} \cdot \frac{\partial f}{\partial \boldsymbol{v}} = 0 \tag{6.21}$$

の解を求めよう．

まず，電場と磁場がなく ($E = 0$, $B = 0$)，外力 F_{ext} もないとき，ヴラソフ方程式 (6.21) は

$$(v \cdot \nabla)f = 0 \tag{6.22}$$

となり，f が v にのみ依存する解が式 (6.22) を満足する解であることがわかる．

$$f = f(v) \tag{6.23}$$

たとえば，式 (2.12) や式 (2.16) のマクスウェル分布はこの解に属する．

つぎに，6.1.2 項の最後に見たように，f は運動の保存量の関数である．そこで，一例として軸対称なプラズマの平衡解を考えよう．このとき，

$$\frac{\partial}{\partial \theta} = 0 \tag{6.24}$$

であるから，角運動 P_θ が一定になる．一方，エネルギー H も一定である．したがって，

$$f = f(H, P_\theta) \tag{6.25}$$

となる．さらに，z 方向に無限に長いような場合には，$\partial/\partial z = 0$ で，

$$P_z = \text{一定} \tag{6.26}$$

となり，

$$f = f(H, P_\theta, P_z) \tag{6.27}$$

が平衡解になる．

例題 6.1 ▶ 式 (6.24) の $\partial/\partial \theta = 0$ のとき，角運動量 $P_\theta = $ 一定になることを示せ．

解答 ▶ ここで，解析力学を思い出そう[†1]．ラグランジアンを

$$L(q_i, \dot{q}_i, t) = T(q_i, \dot{q}_i, t) - U(q_i, \dot{q}_i, t)$$

と書くと，ラグランジュの運動方程式は

$$\frac{d}{dt}\left(\frac{\partial L}{\partial \dot{q}_i}\right) - \frac{\partial L}{\partial q_i} = 0$$

と書ける．ここで，T は運動エネルギー，U はポテンシャルエネルギーである．$q_i = \theta$ の場合で，いま考えているように $\partial/\partial \theta = 0$ であれば，

[†1] 解析力学におけるラグランジュの運動方程式については，参考文献 [25] などを参照のこと．

$$\frac{d}{dt}\left(\frac{\partial L}{\partial \dot{\theta}_i}\right) = 0$$

したがって,

$$\frac{\partial L}{\partial \dot{\theta}_i} = P_\theta = 一定$$

となる.

一つの例として,

$$\begin{cases} f(H, P_\theta) = f(H - \omega P_\theta) \\ H = \frac{1}{2m}(p_r^2 + p_\theta^2 + p_z^2) \\ P_\theta = r p_\theta \end{cases} \tag{6.28}$$

の場合を考えよう.ここで,ω は定数である.

$$H - \omega P_\theta = \frac{1}{2m}\left\{p_r^2 + (p_\theta - mr\omega)^2 + p_z^2\right\} - \frac{m}{2}r^2\omega^2 \tag{6.29}$$

を用いて,

$$mV_\theta(r) \equiv \frac{\int p_\theta f(H - \omega P_\theta) dp_r \, dp_\theta \, dp_z}{\int f(H - \omega P_\theta) dp_r \, dp_\theta \, dp_z} = mr\omega \tag{6.30}$$

となり,θ 方向に $V_\theta = r\omega$ で回転することがわかる.ω は定数だから,θ 方向の回転はまるで剛体が回転しているように見える.そこで,この回転は剛体回転とよばれる.

6.3 誘電応答関数

5.2〜5.4 節で扱った分散関係 $\epsilon(k, \omega)$ を,分布関数による取り扱いによって求める.プラズマは一種の誘電体と考えられ,$\epsilon(k, \omega)$ は,外部電場などの刺激があったときに,プラズマがどのように応答するかを表していると考えられるため,誘電応答関数ともよばれる.

$\boldsymbol{B} = \boldsymbol{0}$ で,静電場のみが存在する場合を考えよう.

$$f = f_0 + \delta f \tag{6.31}$$

において,f_0 は平衡解,δf は摂動部分である.これをヴラソフ方程式 (6.16) に代入し,線形化して,1 次の量についての式を書くと

$$\frac{\partial \delta f}{\partial t} + (\boldsymbol{v} \cdot \nabla)\delta f + \frac{q}{m}\boldsymbol{E} \cdot \frac{\partial f_0}{\partial \boldsymbol{v}} = 0 \tag{6.32}$$

となる.いま,空間についてフーリエ変換し,$\exp(i\boldsymbol{k} \cdot \boldsymbol{x})$ の形の波を考えて,時間 t

に関してラプラス変換を行う．すると，式 (6.32) は

$$-i\omega \delta f + i\boldsymbol{k} \cdot \boldsymbol{v} \delta f + \frac{q}{m}\boldsymbol{E} \cdot \frac{\partial f_0}{\partial \boldsymbol{v}} = \delta f(\boldsymbol{k},\boldsymbol{v},t=0) \tag{6.33}$$

となる．式 (6.33) で，左辺に単に δf と書いたのは $\delta f(\boldsymbol{k},\boldsymbol{v},\omega)$ のことである．式 (6.33) の右辺 $\delta f(\boldsymbol{k},\boldsymbol{v},t=0)$ は初期条件を表す．すると，

$$\delta f = \frac{1}{i(\omega - \boldsymbol{k}\cdot\boldsymbol{v})}\left\{\frac{q}{m}\boldsymbol{E}\cdot\frac{\partial f_0}{\partial \boldsymbol{v}} - \delta f(\boldsymbol{k},\boldsymbol{v},t=0)\right\} \tag{6.34}$$

となる．ここで，ガウスの法則式 (4.2) を導入しよう．

$$i\boldsymbol{k}\cdot\boldsymbol{E} = \frac{q}{\epsilon_0}n_1 = \frac{n_0 q}{\epsilon_0}\int \delta f d\boldsymbol{v} \tag{6.35}$$

式 (6.34) を式 (6.35) に代入して，プラズマ振動数 $\omega_p^2 = n_0 q^2/(m\epsilon_0)$ を用いて，

$$\boldsymbol{E}\cdot\left\{i\boldsymbol{k} - \omega_p^2 \int \frac{\frac{\partial f_0}{\partial \boldsymbol{v}}}{i(\omega - \boldsymbol{k}\cdot\boldsymbol{v})}d\boldsymbol{v}\right\} = -\frac{n_0 q}{\epsilon_0}\int \frac{\delta f(\boldsymbol{k},\boldsymbol{v},t=0)}{i(\omega - \boldsymbol{k}\cdot\boldsymbol{v})}d\boldsymbol{v} \tag{6.36}$$

を得る．いま，静電波を考えているから，$\boldsymbol{E}$ と $\boldsymbol{k}$ が平行，つまり，$\boldsymbol{E}//\boldsymbol{k}$ である．そのため，式 (6.36) は

$$\left(1 + \frac{\omega_p^2}{k^2}\int \frac{\boldsymbol{k}\cdot\frac{\partial f_0}{\partial \boldsymbol{v}}}{\omega - \boldsymbol{k}\cdot\boldsymbol{v}}d\boldsymbol{v}\right)\boldsymbol{E} = \frac{n_0 q \boldsymbol{k}}{\epsilon_0 k^2}\int \frac{\delta f(\boldsymbol{k},\boldsymbol{v},t=0)}{\omega - \boldsymbol{k}\cdot\boldsymbol{v}}d\boldsymbol{v} \tag{6.37}$$

と変形できる．初期条件がなく，式 (6.37) の右辺が，ゼロの場合でも，式 (6.37) の左辺の括弧の中がゼロであれば，$\boldsymbol{E} \neq 0$ でもよく，プラズマ中には波が立つことになる．この括弧の中の式が分散関係 $\epsilon(\boldsymbol{k},\omega)$ に相当し，誘電応答関数

$$\epsilon(\boldsymbol{k},\omega) = 1 + \frac{\omega_p^2}{k^2}\int \frac{\boldsymbol{k}\cdot\frac{\partial f_0}{\partial \boldsymbol{v}}}{\omega - \boldsymbol{k}\cdot\boldsymbol{v}}d\boldsymbol{v} \tag{6.38}$$

とよばれる．ここで，$\boldsymbol{k}$ の方向を z 軸に向けると，$\boldsymbol{k} = k\hat{\boldsymbol{z}}$ で，以下を得る．

$$\epsilon(k,\omega) = 1 + \frac{\omega_p^2}{k^2}\int \frac{k\frac{\partial f_0}{\partial v_z}}{\omega - kv_z}dv_x\,dv_y\,dv_z$$

$$= 1 + \frac{\omega_p^2}{k^2}\int \frac{k\frac{\partial f_0}{\partial v_z}}{\omega - kv_z}dv_z \tag{6.39}$$

ここで，f_0 は $\int f_0\,dv_x\,dv_y\,dv_z = 1$ と規格化されている．

特別な場合として，式 (2.12) のマクスウェル分布 $f_0 = (m/2\pi T)^{3/2} \exp(-m\boldsymbol{v}^2/2T)$ を用いる（ここで，本質的ではないが，この f_0 と式 (2.12) とでは規格量としての n だけ異なることに注意）．

$$\epsilon(k,\omega) = 1 + \frac{1}{k^2 \lambda_D^2} \sqrt{\frac{m}{2\pi T}} \int \frac{kv_z}{kv_z - \omega} \exp\left(-\frac{mv_z^2}{2T}\right) dv_z \tag{6.40}$$

さらに，$v_z \to v_z/\sqrt{T/m} \equiv \xi$ と変数変換すると，

$$\epsilon(k,\omega) = 1 + \frac{1}{k^2 \lambda_D^2} \frac{1}{\sqrt{2\pi}} \int \frac{\xi}{\xi - \frac{\omega}{k}\sqrt{\frac{m}{T}}} \exp\left(-\frac{\xi^2}{2}\right) d\xi \tag{6.41}$$

と変形できる．W 関数を

$$W(Z) = \frac{1}{\sqrt{2\pi}} \int \frac{\xi}{\xi - Z} \exp\left(-\frac{\xi^2}{2}\right) d\xi \tag{6.42}$$

と定義すると，

$$\epsilon(k,\omega) = 1 + \frac{1}{k^2 \lambda_D^2} W\left(\frac{\omega}{k}\sqrt{\frac{m}{T}}\right) = 0 \tag{6.43}$$

となる．ここで，W 関数の積分の範囲は $(-\infty, \infty)$ であるが，これについて考えてみる．

式 (6.33) を導出するときに，ラプラス変換を用いたことを思い出そう．たとえば，式 (6.37) より $\boldsymbol{E}(\boldsymbol{k},\omega)$ を求めると

$$\boldsymbol{E}(\boldsymbol{k},\omega) = \frac{1}{\epsilon(\boldsymbol{k},\omega)} \frac{n_0 q \boldsymbol{k}}{\epsilon_0 \boldsymbol{k}^2} \int \frac{\delta f(\boldsymbol{k},\boldsymbol{v},t=0)}{\omega - \boldsymbol{k}\cdot\boldsymbol{v}} d\boldsymbol{v} \tag{6.44}$$

となり，これより，ラプラス逆変換して $\boldsymbol{E}(\boldsymbol{k},t)$ が

$$\boldsymbol{E}(\boldsymbol{k},t) = \frac{1}{2\pi} \int_L \boldsymbol{E}(\boldsymbol{k},\omega) \exp(-i\omega t) d\omega \tag{6.45}$$

のように求められる．このときの積分路は図 6.1 のように，$\epsilon(\boldsymbol{k},t) = 0$ になるすべての ω，つまり，$\boldsymbol{E}(\boldsymbol{k},\omega)$ のすべての極を下に見るようにとる．このような積分路をとる理由は，$t < 0$ のとき，図 6.1 の積分路は上半面で閉じさせることができ（これは図 6.1 に破線で示してある），

$$\delta f(t < 0) = 0 \tag{6.46}$$

とできるからである．$\delta f(t < 0) = 0$ となるのは，閉じた積分路の内側に極がないことと，閉じるために使った図 6.1 の破線部分の積分路で

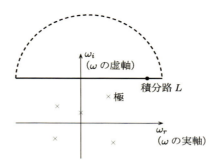

図 6.1　ラプラス逆変換の積分路
すべての極を下に見るようにとる．

$$\lim_{\omega_i \to \infty} \exp(-i\omega t) \propto \lim_{\omega_i \to \infty} \exp(-\omega_i |t|) = 0 \tag{6.47}$$

となるからである．ここで，ω_i は ω の虚部を表す．つまり，式 (6.45) の積分路 L を図 6.1 のようにしたのは，$t<0$ で $\delta f(t)=0$，$t>0$ で $\delta f(t) \neq 0$ となる関数を扱いたかったからである．そして，実際に，式 (6.45) で $\boldsymbol{E}(\boldsymbol{k}, t<0)=0$ を期待して計算をしてきた．

したがって，$\omega_i>0$ である限り，式 (6.41) あるいは，式 (6.42) の積分の積分路は $(-\infty, \infty)$ である．しかし，いつも $\omega_i>0$ であるとは限らないので，$\omega_i \leq 0$ の場合でも $\epsilon(\boldsymbol{k}, \omega)$ を接続したい．そのためには，図 6.2 のような積分路をとれば，$\epsilon(\boldsymbol{k}, \omega)$ が連続に接続できる．

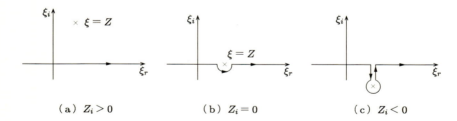

(a) $Z_i>0$　　　(b) $Z_i=0$　　　(c) $Z_i<0$

図 6.2　誘電応答関数 $\epsilon(\boldsymbol{k},\omega)$ に表れる W 関数 (式 (6.42)) の積分路

ここで，W 関数の近似式を紹介しておこう．$|z|<1$ では

$$W(z) = \sqrt{\frac{\pi}{2}} iz \exp\left(-\frac{z^2}{2}\right) + 1 - z^2 + \frac{z^4}{3} \cdots \tag{6.48}$$

となる．一方，$|z|$ が大きいときの漸近形は

$$W(z) = \sqrt{\frac{\pi}{2}} iz \exp\left(-\frac{z^2}{2}\right) - \frac{1}{z^2} - \frac{3}{z^4} \cdots \tag{6.49}$$

となる．

6.4 プラズマ振動とデバイ遮蔽

ここで，一つの簡単な例としてプラズマ振動を導出してみよう．そのために，f_0 として温度 $T = 0$ の場合を考えると，つぎのようになる．

$$f_0 = \delta(v_z) \tag{6.50}$$

これを式 (6.39) に代入して，部分積分をすると，つぎのようになる．

$$\begin{aligned}
\epsilon(k,\omega) &= 1 + \frac{\omega_p^2}{k^2} \int \frac{k\frac{\partial \delta(v_z)}{\partial v_z}}{\omega - kv_z} dv_z \\
&= 1 + \frac{\omega_p^2}{k} \left\{ \left[\frac{\delta(v_z)}{\omega - kv_z}\right]_{-\infty}^{\infty} - \int \frac{k\delta(v_z)}{(\omega - kv_z)^2} dv_z \right\} \\
&= 1 - \frac{\omega_p^2}{\omega^2} = 0
\end{aligned} \tag{6.51}$$

したがって，

$$\omega = \omega_p \tag{6.52}$$

なる集団運動の一つであるプラズマ振動が求まった．これは，温度 $T = 0$ の冷たいプラズマの流体的取り扱いによる結果と同じである．

つぎに，デバイ遮蔽について考えてみよう．まず，外部からプラズマ中に導入された点電荷 $q\delta(\boldsymbol{r})$ のつくるポテンシャルを φ_{ext} とする．このとき，φ_{ext} が遮蔽される様子を誘電応答関数 $\epsilon(k,\omega)$ を用いて見よう．式 (6.37) から考えて，この静電場を形成するプラズマ中にあらわれるポテンシャル $\varphi(k,\omega)(=\varphi_{\text{ext}}(k,\omega) + \varphi_{\text{ind}}(k,\omega))$ は，以下のように書けそうである．

$$\varphi(k,\omega) = \frac{\varphi_{\text{ext}}(k,\omega)}{\epsilon(k,\omega)} \tag{6.53}$$

まずは，ここで式 (6.53) を受け入れて，以下のように計算してみよう．デバイ遮蔽の場合，現象が時間に依存しないとすると，$\omega = 0$ の場合を考えることになる[†1]．

[†1] たとえば，定数値を時間に関してフーリエ変換すると，$\int_{-\infty}^{\infty} 1 \cdot \exp(-i\omega t)\, dt = 2\pi\delta(\omega)$ となる．すなわち，$\omega = 0$ の場合を考えることになる．

$$\varphi(\boldsymbol{x},t) = \int \frac{\varphi_{\text{ext}}(k)}{\epsilon(k,0)} \exp(-ikx) dk \tag{6.54}$$

いま,$\varphi_{\text{ext}}(k)$ を求めるため,q の点電荷 $q\delta(\boldsymbol{r})$ のつくる φ_{ext} を計算すると,ポアソン方程式 (4.3) を用いて,つぎのようになる.

$$\nabla^2 \varphi_{\text{ext}}(\boldsymbol{r}) = -\frac{q}{\epsilon_0} \delta(\boldsymbol{r}) \tag{6.55}$$

これをフーリエ変換すると,

$$\int \nabla^2 \varphi_{\text{ext}}(\boldsymbol{r}) \exp(i\boldsymbol{k}\cdot\boldsymbol{r}) d\boldsymbol{r} = -\int \frac{q}{\epsilon_0} \delta(\boldsymbol{r}) \exp(i\boldsymbol{k}\cdot\boldsymbol{r}) d\boldsymbol{r} \tag{6.56}$$

$$-k^2 \varphi_{\text{ext}}(\boldsymbol{k}) = -\frac{q}{\epsilon_0} \tag{6.57}$$

$$\therefore \quad \varphi_{\text{ext}}(\boldsymbol{k}) = \frac{q}{k^2 \epsilon_0} \tag{6.58}$$

となる.これを式 (6.54) に代入し,以下を得る.

$$\varphi(\boldsymbol{r}) = \frac{1}{(2\pi)^3} \int \frac{\varphi_{\text{ext}}(\boldsymbol{k})}{\epsilon(\boldsymbol{k},0)} \exp(-i\boldsymbol{k}\cdot\boldsymbol{r}) d\boldsymbol{k} \tag{6.59}$$

ここで,$\epsilon(\boldsymbol{k},0)$ は,式 (6.43) と式 (6.48) より

$$\epsilon(\boldsymbol{k},0) = 1 + \frac{1}{k^2 \lambda_D^2} \tag{6.60}$$

で与えられる.この式 (6.60) を式 (6.59) に代入して複素積分をすると,

$$\varphi = \frac{q}{4\pi\epsilon_0 r} \exp\left(-\frac{r}{\lambda_D}\right) \tag{6.61}$$

となり,まさにデバイ遮蔽が再現されている (式 (6.61) の詳しい導出は付録 B.3 を参照のこと).

したがって,式 (6.53) の考え方は間違っていなかった.

$$\varphi(k,\omega) = \varphi_{\text{ext}}(k,\omega) + \varphi_{\text{ind}}(k,\omega) = \frac{\varphi_{\text{ext}}(k,\omega)}{\epsilon(k,\omega)} \tag{6.62}$$

であるので,外部から導入された電荷などの刺激である φ_{ext} がプラズマに与えられると,そのポテンシャル φ_{ext} はプラズマによって

$$\varphi_{\text{ind}}(k,\omega) = \varphi_{\text{ext}}(k,\omega) \left\{ \frac{1}{\epsilon(k,\omega)} - 1 \right\} \tag{6.63}$$

のように影響される.この φ_{ind} と φ_{ext} の合計が $\varphi(k,\omega)$ としてプラズマ中にあらわれることになる.

6.5 電子プラズマ波とランダウ減衰

前節でプラズマ振動数を求めた際には，分布関数 f_0 に温度を与えなかった．そのため，結果として $\omega = \omega_p$ なる答えを得た．このときは単にプラズマ振動として粒子がその場所で振動していた．

ここでは，電子が温度をもっていて，マクスウェル分布に従い，イオンは動かない場合に，式 (6.43) の分散関係を解いてみよう．

$$\epsilon(k,\omega) = 1 + \frac{1}{k^2 \lambda_D^2} W\left(\frac{\omega}{k}\sqrt{\frac{m_e}{T_e}}\right) = 0 \tag{6.64}$$

ここで，長波長の波を考える．つまり，つぎのような場合を考える．

$$\left|\frac{\omega}{k}\sqrt{\frac{m_e}{T_e}}\right| \gg 1 \tag{6.65}$$

すると，式 (6.49) を用いて，

$$\begin{aligned}\epsilon &= \epsilon_r + i\epsilon_i \\ &= 1 - \frac{\omega_{pe}^2}{\omega^2} - \frac{3k^2 \omega_{pe}^2 T_e}{\omega^4 m_e} + \cdots \\ &\quad + \sqrt{\frac{\pi}{2}} i \frac{\omega}{k^3 \lambda_D^2}\sqrt{\frac{m_e}{T_e}} \exp\left(-\frac{\omega^2 m_e}{2k^2 T_e}\right) = 0\end{aligned} \tag{6.66}$$

を得る．ϵ_r は ϵ の実部，ϵ_i は虚部を表す．ここで，

$$\omega = \omega_r + i\omega_i \tag{6.67}$$

とし，また，

$$|\omega_r| > |\omega_i| \tag{6.68}$$

を仮定しよう．ここでも，ω_r を ω の実部，ω_i を虚部とした．すると，

$$\epsilon = \epsilon_r + i\epsilon_i \sim \epsilon_r|_{\omega_r} + i\omega_i \left.\frac{\partial \epsilon_r}{\partial \omega}\right|_{\omega_r} + i\epsilon_i|_{\omega_r} = 0 \tag{6.69}$$

$$\therefore \quad \epsilon(\omega_r) = 0 \tag{6.70}$$

$$\omega_i = -\left.\left(\frac{\epsilon_i}{\frac{\partial \epsilon_r}{\partial \omega}}\right)\right|_{\omega_r} \tag{6.71}$$

とできる．式 (6.65)，(6.66)，(6.70) を用いて，

$$\omega_r^2 \sim \omega_{pe}^2 + \frac{3k^2 T_e}{m_e} \tag{6.72}$$

となる．また，式 (6.71) より次式を得る．

$$\omega_i = -\sqrt{\frac{\pi}{8}} \frac{\omega_r}{k^3 \lambda_D^3} \exp\left(-\frac{\omega_r^2 m_e}{2k^2 T_e}\right) \tag{6.73}$$

ここで，式 (6.72) を式 (5.19) と比較すると，$\gamma = 3$ の場合に完全に一致することがわかる．こうして，電子プラズマ波がミクロな取り扱い，つまり，分布関数によっても再現できた．

ただし，ここで注意すべきなのは，流体的取り扱いではあらわれなかった式 (6.73) の存在である．電場などの物理量 ψ をフーリエ変換した成分の一つは

$$\psi \propto \exp(-i\omega t) = \exp(-i\omega_r t + \omega_i t) \tag{6.74}$$

となる．つまり，ω_i が存在すると，式 (6.74) によってプラズマ波が時間的に $\exp(\omega_i t)$ で増減する．式 (6.73) の場合は減衰する．いまは，プラズマがマクスウェル分布に従う場合を考えてきた．この場合は，式 (6.73) で与えられるように，プラズマ波は減衰することがわかる．これは**ランダウ減衰**とよばれている．これは，流体的な取り扱いでは予想できなかったことである．

6.6　ランダウ減衰の物理的意味

ここで，前節で求められたランダウ減衰の物理的意味を考えてみよう．前節で見たように，ランダウ減衰は分布関数による取り扱いによって初めて見つけられた．

そこで，その意味を理解するため，図 6.3 のようなマクスウェル分布を考える．い

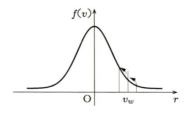

図 6.3　ランダウ減衰の物理的意味

v_w の位相速度で伝播する波を考える．v_w の位相速度で伝播する波とのエネルギーの授受を考えると，遅い粒子に波からエネルギーを与え，速い粒子からは波がエネルギーを得られそうである．この図のような場合，v_w より遅い粒子の数が，速い粒子の数より多い．そのため，v_w で伝播する波は結果として減衰する．

ま，このプラズマ中に v_w なる位相速度の波が動いていると考える．前節の場合であれば，この波は電子プラズマ波である．位相速度 v_w の波とプラズマ中の粒子はたがいに相互作用をし，エネルギーをやりとりするであろう．そこで，波は，v_w より少し速い粒子からはエネルギーを得て，v_w より少し遅い粒子へはエネルギーを与えると考えられる．

ところで，図 6.3 にあるように，v_w より少し速い粒子の数は，v_w より少し遅い粒子の数より少ないことに気をつけよう．そのため，全体としては図 6.3 のマクスウェル分布の場合は，波はエネルギーを減らすことになる．そして，これがランダウ減衰の物理的なメカニズムである．

それでは，波が増幅する場合はどのような場合であろうか．これまでに考えてきたことから，図 6.4 のような分布であれば，図中に示した波は増幅すると考えられる．

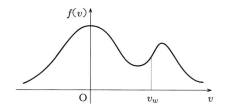

図 6.4 波が増幅する場合の分布関数
v_w の位相速度で伝播する波は，遅い粒子に波からエネルギーを得て，速い粒子にエネルギーを与える．この図のような場合，v_w より遅い粒子の数が，速い粒子の数より少ない．そのため，ランダウ減衰とは逆に，v_w で伝播する波は増幅される．これが波が増幅する，すなわち波の不安定性のメカニズムの一つである．

実際に，このことを式 (6.39) を用いて考えてみよう．そのとき，式 (6.68) を考えて，積分路を図 6.2(b) のようにとろう．すると，付録 B.2 のプレメリの公式を使い，

$$\epsilon = 1 - \frac{\omega_p^2}{k^2} \int \frac{\frac{\partial f_0}{\partial v_z}}{v_z - \frac{\omega}{k}} dv_z$$

$$= 1 + \frac{\omega_p^2}{k^2} \int_{-\infty}^{\infty} \frac{k \frac{\partial f_0}{\partial v_z}}{\omega - k v_z} dv_z - \pi i \frac{\omega_p^2}{k^2} \frac{\partial f_0}{\partial v_z}\bigg|_{v_z = \omega_r/k} \tag{6.75}$$

を得る．また，式 (6.71) より

$$\omega_i \propto \frac{\partial f_0}{\partial v}\bigg|_{v_z = \omega_r/k} \tag{6.76}$$

を得る．したがって，上で考えたように，図 6.3 の場合には，波は減衰し，図 6.4 の場合には，$\partial f_0/\partial v > 0$ の領域の波は増幅することがわかる．

6.7 横波の分散関係への導入

前節までに考えた誘電応答関数は，縦波，すなわち，音波にのみ適用できた．つまり，関係式の導出にはポアソン方程式のみを用いていた．

ここでは横波，つまり電磁波を扱えるように拡張しよう[†1]．マクスウェル方程式の式 (4.5a) と式 (4.5b) のフーリエ変換した 1 成分について考えると，

$$\bm{k} \times \bm{E} = \omega \bm{B} \tag{6.77}$$

$$\bm{k} \times \bm{H} = -\omega \epsilon_0 \bm{\epsilon} \cdot \bm{E} - i\bm{J}_{\text{ext}} \tag{6.78}$$

となる．ここで，一般に誘電率がテンソル $\epsilon_0 \bm{\epsilon}$ であることを用いた．これから，$\bm{B} = \mu_0 \bm{H}$ を消去して，

$$\frac{1}{\mu_0 \omega} \bm{k} \times (\bm{k} \times \bm{E}) = \frac{1}{\mu_0 \omega} \{(\bm{k} \cdot \bm{E})\bm{k} - k^2 \bm{E}\}$$

$$= \frac{1}{\mu_0 \omega}(\bm{kk} - k^2) \cdot \bm{E}$$

$$\therefore \quad \left\{\bm{\epsilon} + \left(\frac{k^2 c^2}{\omega^2}\right)\left(\frac{\bm{kk}}{k^2} - \bm{I}\right)\right\} \cdot \bm{E} = -\frac{i\bm{J}_{\text{ext}}}{\epsilon_0 \omega} \tag{6.79}$$

を得る．ここで，$\bm{I}$ は単位テンソル

$$\bm{I} \equiv \begin{pmatrix} 1 & 0 & 0 \\ 0 & 1 & 0 \\ 0 & 0 & 1 \end{pmatrix} \tag{6.80}$$

である．$\bm{kk}$ もテンソルである．$\bm{J}_{\text{ext}} = \bm{0}$ のときでも，$\bm{E} \neq \bm{0}$ のために，

$$\left|\bm{\epsilon} + \left(\frac{k^2 c^2}{\omega^2}\right)\left(\frac{\bm{kk}}{k^2} - \bm{I}\right)\right| = 0 \tag{6.81}$$

が満足されなくてはならず，これが分散関係になる．$\bm{\epsilon}$ は誘電テンソルとよばれる．

誘電テンソル $\bm{\epsilon}$ から，誘電応答関数 $\epsilon(k, \omega)$ はつぎのように表される．

$$\epsilon(k, \omega) = \frac{\bm{k} \cdot \bm{\epsilon} \cdot \bm{k}}{k^2} \tag{6.82}$$

[†1] 本書では，横波の分散関係については導入部分のみを考える．具体的な計算なども含めて，さらに詳しい横波の分散関係については，参考文献の [9] や [3] を参照のこと．

また，プラズマ中に誘導される誘導電流 J_1 を式 (6.78) のように ϵ におし込めず，分けて考えると，

$$\frac{\partial \boldsymbol{D}}{\partial t} = \boldsymbol{J}_1 + \epsilon_0 \frac{\partial \boldsymbol{E}}{\partial t}$$

$$\therefore \quad i\omega\epsilon_0 \boldsymbol{\epsilon} \cdot \boldsymbol{E} = \boldsymbol{J}_1 - i\omega\epsilon_0 \boldsymbol{E}$$

$$\therefore \quad \boldsymbol{J}_1 = -i\omega\epsilon_0(\boldsymbol{\epsilon} - \boldsymbol{I}) \cdot \boldsymbol{E} \tag{6.83}$$

となる．

たとえば，外部磁場のない場合で，ヴラソフ方程式を線形化すると，$f = f_0 + f_1$ として

$$\frac{\partial f_1}{\partial t} + \boldsymbol{v} \cdot \frac{\partial f_1}{\partial \boldsymbol{x}} + \frac{q}{m}(\boldsymbol{E}_1 + \boldsymbol{v} \times \boldsymbol{B}_1) \cdot \frac{\partial f_0}{\partial \boldsymbol{v}} = 0$$

$$\therefore \quad (-i\omega + i\boldsymbol{k} \cdot \boldsymbol{v})f_1 = -\frac{q}{m}\frac{\partial f_0}{\partial \boldsymbol{v}} \cdot \left\{\frac{\boldsymbol{k}\boldsymbol{v}}{\omega} + \left(1 - \frac{\boldsymbol{k} \cdot \boldsymbol{v}}{\omega}\right)\boldsymbol{I}\right\} \cdot \boldsymbol{E}_1 \tag{6.84}$$

となる．これより，J_1 を

$$\boldsymbol{J}_1 = nq \int \boldsymbol{v} f_1 d\boldsymbol{v} \tag{6.85}$$

と求めることができる．これと式 (6.83) より誘電テンソル ϵ を求めることができる．

$$\boldsymbol{\epsilon}(\boldsymbol{k}, \omega) = \boldsymbol{I} - \frac{\omega_p^2}{\omega^2} \int d\boldsymbol{v} \frac{\boldsymbol{v}}{\boldsymbol{k} \cdot \boldsymbol{v} - \omega} \frac{\partial f_0}{\partial \boldsymbol{v}} \cdot \{\boldsymbol{k}\boldsymbol{v} + (\omega - \boldsymbol{k} \cdot \boldsymbol{v})\boldsymbol{I}\}$$

$$= \boldsymbol{I}\left(1 - \frac{\omega_p^2}{\omega^2}\right) - \frac{\omega_p^2}{\omega^2} \int d\boldsymbol{v} \frac{\boldsymbol{v}\boldsymbol{v}}{\boldsymbol{k} \cdot \boldsymbol{v} - \omega} \frac{\partial f_0}{\partial \boldsymbol{v}} \cdot \boldsymbol{k} \tag{6.86}$$

縦波を表す誘電応答関数 ϵ と，横波を表す $\epsilon_\perp$ とに $\boldsymbol{\epsilon}$ を分けると，

$$\boldsymbol{\epsilon} = \epsilon \boldsymbol{I}_{//} + \epsilon_\perp \boldsymbol{I}_\perp \tag{6.87}$$

となる．ここで，

$$\boldsymbol{I}_{//} = \frac{\boldsymbol{k}\boldsymbol{k}}{\boldsymbol{k}^2}, \quad \boldsymbol{I}_\perp = \boldsymbol{I} - \boldsymbol{I}_{//} \tag{6.88}$$

である．したがって，分散関係は，式 (6.81) より

$$\epsilon = 0 \tag{6.89}$$

$$\epsilon_\perp - \left(\frac{kc}{\omega}\right)^2 = 0 \tag{6.90}$$

となる．

例題 6.2 ▷ 静電波の誘電応答関数として，$\boldsymbol{k}$ の方向を z 軸に向けた $\boldsymbol{k} = k\hat{\boldsymbol{z}}$ の場合，式 (6.39) が得られた．式 (6.86) と式 (6.82) を用いて，式 (6.39) を再現できることを示せ．

解答 ▶ $\boldsymbol{k} = k\hat{\boldsymbol{z}}$ の場合なので，誘電テンソル $\boldsymbol{\epsilon}$ の成分のうち，ϵ_{zz} が縦波である静電波の誘電応答関数 ϵ の式 (6.39) に相当する．式 (6.86) と式 (6.82) より，

$$\epsilon_{zz} = 1 - \frac{\omega_p^2}{\omega^2} + \frac{\omega_p^2}{\omega^2} \int dv \frac{v_z^2}{\omega - kv_z} k \frac{\partial f_0}{\partial v_z}$$

となる．ここで，

$$\frac{v_z^2}{\omega - kv_z} = -\frac{\omega + kv_z - \dfrac{\omega^2}{\omega - kv_z}}{k^2}$$

であるので，これを用いると，

$$\epsilon_{zz} = 1 - \frac{\omega_p^2}{\omega^2} - \frac{\omega_p^2}{k^2 \omega^2} \int dv_z (\omega + kv_z) k \frac{\partial f_0}{\partial v_z} + \frac{\omega_p^2}{k^2} \int dv_z \frac{1}{\omega - kv_z} k \frac{\partial f_0}{\partial v_z}$$
$$= 1 - \frac{\cancel{\omega_p^2}}{\omega^2} + \frac{\cancel{\omega_p^2}}{\omega^2} + \frac{\omega_p^2}{k^2} \int dv_z \frac{1}{\omega - kv_z} k \frac{\partial f_0}{\partial v_z}$$

となる．こうして，式 (6.39) を再現できた．

▶▶ **演習問題**

6.1 ヴラソフ方程式より連続の式 (5.1) を求めよ．
6.2 ヴラソフ方程式より運動方程式 (5.3) を求めよ．
6.3 デバイ遮蔽の式 (6.61) を導出せよ．

第7章 プラズマの不安定性

第6章では，分布関数によるプラズマの取り扱い方法について考えた．6.6節では，分布関数の速度空間における勾配のプラスとマイナスによって，波がランダウ減衰を受けるか，増幅するかが決まることを示した．

本章では，波がプラズマ中で増幅するようなプラズマの不安定性について考える．プラズマ中の波の振幅が時間的に増幅する場合，その系は不安定である．さまざまな不安定性があるが，ここでは静電的な波の増幅として二流体不安定性についてまず考え，つぎに，マクロな不安定性について考える（不安定性について詳しくは巻末の文献 [3]，[9] を参照のこと）．

7.1 二流体不安定性

7.1.1 二流体不安定性の流体的取り扱い

この不安定性は，二つの流体がたがいに異なる速度をもつときに生じる．たとえば，電子ビームがプラズマ中に入射されるような場合に生じる．

ここでは，イオンが静止していて，電子が V_0 でビームのように動いている場合を考えよう．さらに，簡単のため磁場がなく，温度もゼロの場合に限ることにする．このとき，基礎方程式は，連続方程式，運動方程式，ポアソン方程式で，x 方向の1次元のみを考えると，

$$\begin{cases} \dfrac{\partial n_e}{\partial t} + \dfrac{\partial n_e v_e}{\partial x} = 0 & (7.1a) \\[4pt] m_e n_e \left(\dfrac{\partial v_e}{\partial t} + v_e \dfrac{\partial v_e}{\partial x} \right) = -e n_e E & (7.1b) \\[4pt] \dfrac{\partial n_i}{\partial t} + \dfrac{\partial n_i v_i}{\partial x} = 0 & (7.1c) \\[4pt] m_i n_n \left(\dfrac{\partial v_i}{\partial t} + v_i \dfrac{\partial v_i}{\partial x} \right) = q_i n_i E & (7.1d) \\[4pt] \dfrac{\partial E}{\partial x} = \dfrac{e}{\epsilon_0}(n_i - n_e) & (7.1e) \end{cases}$$

となる．これを線形化して，1次のオーダーの量に添字1をつけると，

$$\begin{cases} \dfrac{\partial n_{e1}}{\partial t} + n_0 \dfrac{\partial v_{e1}}{\partial x} + V_0 \dfrac{\partial n_{e1}}{\partial x} = 0 & (7.2\text{a}) \\[2mm] m_e n_0 \left(\dfrac{\partial v_{e1}}{\partial t} + V_0 \dfrac{\partial v_{e1}}{\partial x} \right) = -e n_0 E_1 & (7.2\text{b}) \\[2mm] \dfrac{\partial n_{i1}}{\partial t} + n_0 \dfrac{\partial v_{i1}}{\partial x} = 0 & (7.2\text{c}) \\[2mm] m_i n_0 \left(\dfrac{\partial v_{i1}}{\partial t} \right) = e n_0 E_1 & (7.2\text{d}) \\[2mm] \dfrac{\partial E_1}{\partial x} = \dfrac{e}{\epsilon_0}(n_{i1} - n_{e1}) & (7.2\text{e}) \end{cases}$$

となる．ここで，イオンは1荷に電離しており，イオンと電子の0次の密度をn_0とした．第5章と同様に，フーリエ変換した1成分について考えると，

$$\begin{cases} -i\omega n_{e1} + n_0(ikv_{e1}) + V_0(ikn_{e1}) = 0 & (7.3\text{a}) \\[1mm] m_e n_0 \{-i\omega v_{e1} + V_0(ikv_{e1})\} = -e n_0 E_1 & (7.3\text{b}) \\[1mm] -i\omega n_{i1} + n_0(ikv_{i1}) = 0 & (7.3\text{c}) \\[1mm] m_i n_0(-i\omega v_{i1}) = e n_0 E_1 & (7.3\text{d}) \\[1mm] ik E_1 = \dfrac{e}{\epsilon_0}(n_{i1} - n_{e1}) & (7.3\text{e}) \end{cases}$$

となる．これらを用いて，第5章と同様に，分散関係

$$\epsilon(k,\omega) = 1 - \frac{\omega_{pi}^2}{\omega^2} - \frac{\omega_{pe}^2}{(\omega - kV_0)^2} = 0 \tag{7.4}$$

を得る．ω_{pi}, ω_{pe} はそれぞれイオンと電子のプラズマ振動数である．

例題 7.1 ▶ 分散関係式 (7.4) を求めよ．

解答 ▶ 式 (7.3b) から v_{e1} を求め，式 (7.3a) に代入して n_{e1} を求める．また，式 (7.3d) から v_{i1} を求め，式 (7.3c) に代入して n_{i1} を求める．n_{e1} と n_{i1} を式 (7.3e) に代入して式を整理すると，式 (7.4) が求められる．

ここで，とくに，

$$\omega_{pi} \ll |\omega| \ll \omega_{pe} \tag{7.5}$$

を満足する解 ω を求めよう．この関係式 (7.5) より，

$$\frac{\omega_{pi}^2}{\omega^2} \ll 1 \tag{7.6}$$

であるから，式 (7.4) を満たすためには，

$$\frac{\omega_{pe}^2}{(\omega - kV_0)^2} \sim 1 \tag{7.7}$$

とならなければならない．また，$\omega \ll \omega_{pe}$ であるから，

$$|kV_0| \sim \omega_{pe} \tag{7.8}$$

である．そのため，

$$\epsilon(k,\omega) \sim 1 - \frac{\omega_{pi}^2}{\omega^2} - \frac{\omega_{pe}^2}{(\omega - \omega_{pe})^2} = 1 - \frac{\omega_{pi}^2}{\omega^2} - \frac{1}{\left(1 - \dfrac{\omega}{\omega_{pe}}\right)^2}$$

$$\sim 1 - \frac{\omega_{pi}^2}{\omega^2} - \left(1 + \frac{2\omega}{\omega_{pe}}\right) = -\frac{\omega_{pi}^2}{\omega^2} - \frac{2\omega}{\omega_{pe}} = 0 \tag{7.9}$$

となる．したがって，

$$\omega^3 + \frac{\omega_{pi}^2 \omega_{pe}}{2} = 0 \tag{7.10}$$

である．この 3 次方程式を解くと，解は

$$\omega = -\left(\frac{\omega_{pi}^2 \omega_{pe}}{2}\right)^{1/3}, \quad \left(\frac{1}{2} \pm i\frac{\sqrt{3}}{2}\right)\left(\frac{\omega_{pi}^2 \omega_{pe}}{2}\right)^{1/3} \tag{7.11}$$

となり，物理量が $\exp(-i\omega t)$ に比例することを考えると，時間とともに成長する解を与える ω の虚部は，

$$\gamma = \frac{\sqrt{3}}{2}\left(\frac{\omega_{pi}^2 \omega_{pe}}{2}\right)^{1/3} \tag{7.12}$$

であり，$\exp(\gamma t)$ を係数として波は成長する．この γ を成長率とよぶ．

ここで，二流体不安定性が生じる物理的メカニズムを考えよう．まず，図 7.1(a) のような電荷密度に乱れが生じたとすると，図 (b) のような電場の乱れ δE が生じる．上で考えたように，V_0 で x 方向に電子が平均密度 n_{e0} で動いている場合を考える．簡単のため，イオンは背景に一様にあるとしよう．その場合，図 (a) と (b) のような摂動が生じるということは，図 (c) のように，電子の密度に摂動が生じたことに相当する．すると，V_0 で動く電子ビームは，電場の摂動 δE の影響を受けて，図 (d) のように，速さにゆらぎ $\delta v_e'$ が生じる．$\delta v_e'$ によって生じる電子の新たな変化 $\delta n_e'$ は，図 (e) のようになる．こうして，図 (c) の δn_e が原因となり，新たな $\delta n_e'$ が生じて δn を増幅するようになる．これこそ，まさに不安定性であり，波が増幅することを意味している．

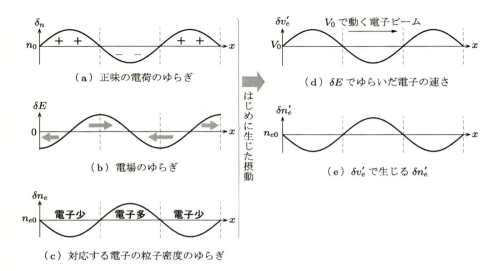

図 7.1　二流体不安定性の物理的説明

例題 7.2 ▶ 式 (7.11) が式 (7.10) を満足することを確かめよ.

解答 ▶ 式 (7.11) の第 1 の解は明らかに，式 (7.10) を満足する．第 2，第 3 の解の係数である $\frac{1}{2} \pm i\frac{\sqrt{3}}{2}$ の 3 乗を求めてみる．すると，$\left(\frac{1}{2} \pm i\frac{\sqrt{3}}{2}\right)^3 = -1$ となり，第 2，第 3 の解も式 (7.10) を満足することがわかる．

7.1.2　二流体不安定性の分布関数による取り扱い

前項では，二流体不安定性を流体的取り扱いによって調べた．本項では，同じ二流体不安定性を分布関数を用いて考えてみよう．ここでも，イオンと電子ともに温度がゼロとしよう．イオンが静止し，電子が x 方向に V_0 で動いているとき，

$$f_i(\boldsymbol{v}) = \delta(\boldsymbol{v}) \tag{7.13}$$

$$f_e(\boldsymbol{v}) = \delta(\boldsymbol{v} - V_0 \hat{\boldsymbol{x}}) \tag{7.14}$$

$$f(\boldsymbol{v}) = f_i(\boldsymbol{v}) + f_e(\boldsymbol{v}) \tag{7.15}$$

である．これを式 (6.38) に代入して，

$$\epsilon(k, \omega) = 1 - \frac{\omega_{pi}^2}{\omega^2} - \frac{\omega_{pe}^2}{(\omega - kV_0)^2} = 0 \tag{7.4}$$

のように式 (7.4) が得られる．ここから後の議論は，前項とまったく同じである．

つぎに，温度 T_i と T_e がゼロでないときを考えよう．イオンと電子ともに，それぞ

れの温度でマクスウェル分布をしているとする．

$$f_i(v_x) = \sqrt{\frac{m_i}{2\pi T_i}} \exp\left(-\frac{m_i v_x^2}{2T_i}\right) \tag{7.16}$$

$$f_e(v_x) = \sqrt{\frac{m_e}{2\pi T_e}} \exp\left\{-\frac{m_e(v_x - V_0)^2}{2T_e}\right\} \tag{7.17}$$

すると，式 (6.43) や式 (6.64) より，

$$\epsilon(k,\omega) = 1 + \frac{1}{k^2\lambda_i^2} W\left(\frac{\omega}{k}\sqrt{\frac{m_i}{T_i}}\right) + \frac{1}{k^2\lambda_e^2} W\left(\frac{\omega - kV_0}{k}\sqrt{\frac{m_e}{T_e}}\right) = 0 \tag{7.18}$$

を得る．いま，

$$\left|\frac{\omega}{k}\sqrt{\frac{m_i}{T_i}}\right| \gg 1 \tag{7.19}$$

$$\left|\frac{\omega - kV_0}{k}\sqrt{\frac{m_e}{T_e}}\right| \gg 1 \tag{7.20}$$

の場合を考える．すると，つぎのようになる．

$$\epsilon(k,\omega) \sim 1 - \frac{\omega_{pi}^2}{\omega^2} - \frac{\omega_{pe}^2}{(\omega - kV_0)^2} + i\sqrt{\frac{\pi}{2}}\frac{\omega}{k^3\lambda_i^2}\sqrt{\frac{m_i}{T_i}}\exp\left(-\frac{\omega^2}{2k^2}\sqrt{\frac{m_i}{T_i}}\right)$$
$$+ i\sqrt{\frac{\pi}{2}}\frac{\omega - kV_0}{k^3\lambda_e^2}\sqrt{\frac{m_e}{T_e}}\exp\left\{-\frac{(\omega-kV_0)^2}{2k^2}\sqrt{\frac{m_e}{T_e}}\right\} = 0 \tag{7.21}$$

実部はまさに式 (7.4) になり，式 (7.11) と式 (7.12) を再現することができた．式 (7.21) の虚部はランダウ減衰などを表すが，条件式 (7.19), (7.20) により，小さな寄与を与える．

7.2　イオン音波不安定性

5.3 節では，流体的取り扱いにより，イオン音波として式 (5.26) を求めたが，この波の不安定性について，分布関数を用いて考えてみよう．考える状況は，式 (7.18) を導出したときと同じである．ただし条件 (7.20) と異なり，

$$\left|\frac{\omega}{k}\sqrt{\frac{m_i}{T_i}}\right| \gg 1 \tag{7.22}$$

$$\left|\frac{\omega - kV_0}{k}\sqrt{\frac{m_e}{T_e}}\right| \ll 1 \tag{7.23}$$

の場合を考える (このとき条件 (7.20) と条件 (7.23) が異なることに注意)．

すると，式 (7.18) は

$$\epsilon(k,\omega) \sim 1 - \frac{\omega_{pi}^2}{\omega^2} + \frac{1}{k^2\lambda_e^2} + i\sqrt{\frac{\pi}{2}}\frac{\omega}{k^3\lambda_i^2}\sqrt{\frac{m_i}{T_i}}\exp\left(-\frac{\omega^2}{2k^2}\sqrt{\frac{m_i}{T_i}}\right)$$
$$+ i\sqrt{\frac{\pi}{2}}\frac{\omega - kV_0}{k^3\lambda_e^2}\sqrt{\frac{m_e}{T_e}} = 0 \qquad (7.24)$$

となる．実部より，

$$\omega_r^2 = \frac{\omega_{pi}^2}{1 + \frac{1}{k^2\lambda_e^2}} = \frac{k^2\lambda_e^2\omega_{pi}^2}{1 + k^2\lambda_e^2} = \frac{k^2}{1 + k^2\lambda_e^2}\left(\frac{T_e}{m_i}\right) \qquad (7.25)$$

ここで，$k^2\lambda_e^2 \ll 1$，$T_e \gg T_i$ のときを考えると，式 (7.24) は近似的に式 (5.26) になり，イオン音波を表すことがわかる．式 (7.24) の第 4 項はランダウ減衰を表すが，第 5 項からは不安定性の成長率 γ (式 (6.71)) が

$$\gamma = -\frac{\epsilon_i}{\left.\frac{\partial \epsilon_r}{\partial \omega}\right|_{\omega=\omega_r}} = -\sqrt{\frac{\pi}{8}}\frac{\omega_r^3}{\omega_{pi}^2}\frac{\omega - kV_0}{k^3\lambda_e^2}\sqrt{\frac{m_e}{T_e}} + \text{ランダウ減衰} \qquad (7.26)$$

となり，

$$V_0 > \frac{\omega}{k} \qquad (7.27)$$

のとき，イオン音波が成長することになる．

7.3 ソーセージ不安定性

前節までは，空間に一様なミクロな不安定性について調べた．ここでは，少し毛色の違う，ソーセージ不安定性とよばれるマクロな不安定性について考えよう．

まず，図 7.2(a) のような円柱プラズマを考える．このプラズマに図のように電流 I

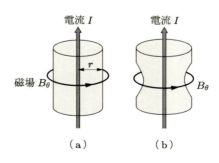

図 7.2 ソーセージ不安定性

が流れ，θ 方向に磁場 B_θ が生じ，力学的平衡が成り立っているとしよう．つまり，圧力 P で半径方向に広がろうとする力と，B_θ によって半径方向に縮もうとする力がつり合っているとしよう．ここで，円柱プラズマは縦方向（長さ方向）に無限に広がっているとする．

この場合に，図 (b) のように軸対称に，半径 r に摂動が生じたとしよう．摂動 δr は，r にくらべて非常に小さいと考える．図 (a) の場合の B_θ は，$\nabla \times \boldsymbol{B} = \mu_0 \boldsymbol{J}$ より，

$$\mu_0 I = \int B_\theta 2\pi\, dr = 2\pi r B_\theta$$

$$\therefore \quad B_\theta = \frac{\mu_0 I}{2\pi r} \tag{7.28}$$

となる．つまり，図 (b) のように一部分の半径 r が小さくなると，B_θ による縮む力が強くなる．すると，図 (a) の状態で平衡状態にあったが，一部分の半径 r が縮んだために，B_θ がその部分で強くなる．式 (7.28) より，半径 r が小さくなればなるほど B_θ が強くなるから，いったん図 (b) のように δr が生じると，ますます δr を大きく，つまり，くびれを大きくすることになる．これが，ソーセージ不安定性の生じる原因である．ソーセージという名前の由来は，図 (b) のような場合の形状がソーセージに似ていることからきている．

いままで，B_θ による縮む力を見たが，この B_θ による収縮力は，結局はローレンツ力 $\boldsymbol{I} \times \boldsymbol{B}$ からくる．このことをここで指摘しておこう．図 7.2 からもわかるように，$\boldsymbol{I} \times \boldsymbol{B}$ の力は，まさに r を縮める方向に向いていることがわかる．また，圧力と対比して考えれば，$B_\theta^2/(2\mu_0)$ の磁場の圧力が外からかかっていることに相当する，とも考えられる．

図 7.2 のような円柱プラズマを z ピンチプラズマとよぶこともある．z というのは，電流が軸方向の z 方向に流れていることからきている．このときは，ソーセージ不安定性を避けて通ることはできない．

それでは，ソーセージ不安定性を安定化するにはどうしたらよいであろうか．これまでに考えられているのは，図 7.2 のプラズマに対して，軸方向の磁場 B_z をかける方法である．プラズマをつき通すように B_z をかければ，摂動で半径が縮んでも，B_z による外向の圧力 $B_z^2/(2\mu_0)$ によって，その動きを止めることできる．

この場合，平衡状態として，プラズマの圧力 P が小さいときを考えて，$P=0$ とすると，

$$\frac{B_z^2}{2\mu_0} = \frac{B_\theta^2}{2\mu_0} \tag{7.29}$$

が成り立っている．このとき，摂動が生じて半径が縮んだとき，つまり，$\delta r < 0$ のとき

$$\frac{B_z \delta B_z}{\mu_0} > \frac{B_\theta \delta B_\theta}{\mu_0} \tag{7.30}$$

となれば，円柱プラズマが B_z によって安定化されたことになる．ここで，δB_θ は式 (7.28) より，

$$\delta B_\theta = -\frac{\mu_0 I}{2\pi r^2} \delta r = -B_\theta \frac{\delta r}{r} \tag{7.31}$$

と求まる．また，B_z に対しては，円柱プラズマ断面 πr^2 の内側にある磁場 B_z の総量が変化しないとすると，

$$0 = \delta(\pi r^2 B_z) = 2\pi r \delta r B_z + \pi r^2 \delta B_z$$

$$\therefore \quad \delta B_z = -B_z \left(\frac{2\delta r}{r}\right) \tag{7.32}$$

を得る．式 (7.31) と式 (7.32) の二つの関係を用いて，ソーセージ不安定性の安定化条件式 (7.30) は

$$-\frac{2B_z^2}{\mu_0} \frac{\delta r}{r} > -\frac{B_\theta^2}{\mu_0} \frac{\delta r}{r}$$

$$\therefore \quad \frac{\delta r}{\mu_0 r}(2B_z^2 - B_\theta^2) < 0 \tag{7.33}$$

となる．したがって，$\delta r < 0$ のとき

$$2B_z^2 > B_\theta^2 \tag{7.34}$$

であれば，ソーセージ不安定性が安定化されることがわかる．

7.4 交換不安定性

ここでは，図 7.3 のように，プラズマが重力に逆らって，磁場で支えられている場合におきる不安定性について考える．重力は曲がった磁場中を運動するプラズマにはたらく遠心力などを模擬したものである．

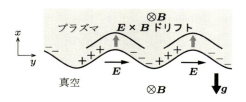

図 7.3 交換不安定性

図 7.3 のように，重力 g が下向きにかかっており，プラズマが一様な磁場で支えられている場合を考える．すると，第 3 章で見たドリフトの式 (3.11) $\bm{v} = m\bm{g} \times \bm{B}/(q B^2)$ によれば，重力により，電子は図の左側に，イオンは右側に動いて（ドリフトして）いくことになる．図 7.3 のように，プラズマ表面にリップル（波型の形状）が生じたとすると，プラズマのリップルの下に飛び出た部分の右側にイオンが，左側に電子がたまり，図のように電場が生じる．この電場により，今度は $\bm{E} \times \bm{B}$ ドリフト $\bm{E} \times \bm{B}/B^2$ が生じる．$\bm{E} \times \bm{B}$ ドリフトは，電子もイオンも同じ方向に同じ速度で動くので，リップルを増幅することになる．これが交換不安定性である．プラズマが真空中に飛び出て，真空と入れ替わる．

7.5　レーリー・テーラー不安定性

流体力学では，重力に逆らって水を油で支えておくと，ちょっとしたゆらぎで入れ替わってしまう不安定性が見られる．プラズマの場合でも，磁場がないときに，このような不安定性が見られ，この不安定性をレーリー・テーラー不安定性とよぶ．ここでは，この磁場のない場合のレーリー・テーラー不安定性を導出してみよう．図 7.4 のように，前節同様に $x = 0$ に境界面をおき，上側に重いプラズマ（あるいは流体）を下側に軽いプラズマがあるとする．重力 g は上から下に一様にかかっている．このような状態では，すぐに重いプラズマが下に入り込み，軽いプラズマと入れ替わると思われる．以降では，これを理論的に確かめよう．

基礎方程式として，線形化した運動方程式と連続の式に，非圧縮の条件を用いる．1 次の量としての v_x, v_y, ρ_1, p_1 の四つの式に対して

図 7.4 レーリー・テーラー不安定性
重力に逆らって，重いプラズマを軽いプラズマが支えているとき，レーリー・テーラー不安定性により入れ替わる．

$$\begin{cases} \rho\dfrac{\partial v_x}{\partial t} = -\dfrac{\partial p_1}{\partial x} - g\rho_1 & \text{(7.35a)} \\ \rho\dfrac{\partial v_y}{\partial t} = -\dfrac{\partial p_1}{\partial y} & \text{(7.35b)} \\ \dfrac{\partial \rho_1}{\partial t} + v_x\dfrac{\partial \rho}{\partial x} = 0 & \text{(7.35c)} \\ \dfrac{\partial v_x}{\partial x} + \dfrac{\partial v_y}{\partial y} = 0 & \text{(7.35d)} \end{cases}$$

を使うことができる．式 (7.35d) は，プラズマ（流体）が非圧縮性流体であること ($\nabla\cdot\boldsymbol{v}=0$) を表している．1次の量が $\exp(ik_y y + \gamma t)$ で変化するものと考えると，

$$\begin{cases} \gamma\rho v_x = -\dfrac{dp_1}{dx} - g\rho_1 & \text{(7.36a)} \\ \gamma\rho v_y = -ik_y p_1 & \text{(7.36b)} \\ \gamma\rho_1 + v_x\dfrac{d\rho}{dx} = 0 & \text{(7.36c)} \\ \dfrac{dv_x}{dx} + ik_y v_y = 0 & \text{(7.36d)} \end{cases}$$

となる．これらの式から，

$$\frac{d}{dx}\left(\rho\frac{dv_x}{dx}\right) - \rho k_y^2 v_x = 0 \qquad (7.37)$$

が得られる．境界の $x=0$ を除き，上と下の領域では密度 ρ は一定であるため，それぞれの領域では

$$\frac{d^2}{dx^2}v_x - k_y^2 v_x = 0 \qquad (7.38)$$

が成り立つ．そのため

$$v_x = \begin{cases} A\exp(k_y x) & (x<0) \\ A\exp(-k_y x) & (x>0) \end{cases} \qquad (7.39)$$

なる解が求まる．$x=0$ で v_x が連続になる．

一方，$x=0$ で v_x が連続という条件とともに，$x=0$ をまたいで dv_x/dx も連続でなければならない．まず，式 (7.36c) を式 (7.36a) に代入すると，

$$\frac{dp_1}{dx} = -\gamma\rho v_x + \frac{g}{\gamma}\frac{d\rho}{dx}v_x \qquad (7.40)$$

となる．また，式 (7.36b) と式 (7.36d) を用いて

$$k_y^2 p_1 = -\gamma\rho\frac{dv_x}{dx} \qquad (7.41)$$

を得る．式 (7.40) を $x=0$ をはさむ無限小の区間で x について積分すると，

$$\Delta p_1 = \frac{g}{\gamma} \Delta \rho v_x \tag{7.42}$$

となる．ここで，Δ は $\Delta \rho = \rho_2 - \rho_1$ などを表す．ここに，式 (7.41) を代入し，

$$-\Delta \left(\frac{\gamma \rho}{k_y^2} \frac{dv_x}{dx} \right) = \frac{g}{\gamma} v_x \Delta \rho \tag{7.43}$$

となる．式 (7.39) を用いて，

$$\frac{\gamma}{k_y} v_x (\rho_1 + \rho_2) = \frac{g}{\gamma} v_x (\rho_2 - \rho_1) \tag{7.44}$$

となる．したがって，レーリー・テーラーの不安定性の成長率 γ

$$\gamma = \sqrt{g k_x \frac{\rho_2 - \rho_1}{\rho_1 + \rho_2}} \tag{7.45}$$

を得る．前節で見た交換不安定性では，電荷分離と電場が関連し，プラズマと磁場が入れ替わったが，この節で見たレーリー・テーラー不安定性では，電荷分離と電場や磁場は関連しない．重力に逆らって油で水を支えようとすると，常識どおり，重い物質が軽い物質と入れ替わることになる．

▶▶ 演習問題

7.1 式 (7.18) を導出せよ．

7.2 重力に逆らって，空気あるいは軽い油で水を支えた状態がある．その状態から，水が下側に入れ替わる時間を式 (7.45) を利用して見積もれ．ここで，水と空気（あるいは軽い油）が入れ替わる特徴的な時間は $1/\gamma$ で見積もれる．また，軽い空気あるいは油の質量密度 ρ をほぼゼロに近いとしてよい．

第8章 プラズマの利用と応用

前章まででは，プラズマ自身の基本的な性質や，プラズマを取り扱うための手法について考えてきた．

本章では，プラズマを利用，あるいは応用したテーマについて紹介する．最初に，プラズマの利用として，プラズマプロセスを紹介する．半導体ICのような電子部品の製作の際にプラズマが利用され，大きな成果が得られている．これについて概要を述べる．続いて，ロケットの推進力に使われるようなプラズマジェットを紹介する．さらに，プラズマの利用と応用からは少しずれるが，プラズマをどのように診断するのかについても述べる．つぎに，プラズマの応用として，将来のエネルギー源と目される核融合研究にふれる．核融合では燃料が水素の同位体であり，実現されれば人類のエネルギー問題は解決されうる．最後に，レーザーによる粒子加速の研究を紹介する．非常に強度の高いレーザーとプラズマとの相互作用で，大きな電場を生成することができるようになった．この電場により，電子やイオンを高エネルギーに加速することが研究されている．

8.1 プラズマプロセス

電子部品の微細加工の必要性が高まるにつれて，メッキをするときのように溶液を使っていたウェットプロセスに代わり，ドライプロセス，たとえば，プラズマを使ったプラズマプロセスが薄膜形成やエッチングに使われている．プラズマによるエッチングによって，$1\,\mu\mathrm{m}$ あるいは，それ以下の微細加工が可能になってきた．したがって，ドライプロセスを用いることによって，ウェットプロセスで見られた欠点の多くが改善された．たとえば，ウェットプロセスでエッチングする場合，エッチングしたくない部分にマスクをかけるが，溶液によってこのマスクが膨潤してパターン精度が上げられなかった．一方，ドライプロセスの場合，このマスクの膨潤がなく高精度にパターンを切り出せる．

8.1.1 プラズマエッチング

まず，O_2 や CF_4 などのガス中で放電を起こし，プラズマを形成する．すると，エッチングされる材料とよく反応する化学的に活性化された粒子がつくられる．エッチングしたい材料にマスクをして，これを近づけると，マスクをされていない部分がプラ

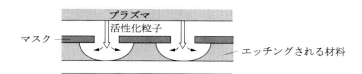

図 8.1 プラズマエッチング

ズマからの活性化粒子と反応し，図 8.1 のように侵食される．こうして薄膜の上に，微細パターンを切り出すことができる．

しかし，図 8.1 の場合では，活性化された粒子はあらゆる方向をもつため，けずられた横壁は完全には垂直にできない．さらに超微細なパターンをつくろうとするときは，この方法だけでなく，垂直にエッチングする方法もある．この方法では，イオンビームをけずりたい溝に垂直に入射して，エッチングされる材料をスパッタして (粒子をはじき飛ばして)，活性化粒子とさらに反応しやすくする．

8.1.2 プラズマ CVD

CVD とは chemical vapor deposition のことで，薄膜を形成する技術のことである．前項と同様に，作成したい膜の成分を含んだガスを，放電によってプラズマ化する．プラズマ中では，軽い電子がイオンにくらべて速い速度で動き回っており，この電子とガスの粒子が反応して，ほしい物質が析出し，基板上に薄膜を形成することができる．

従来から，プラズマを使わずに高温で CVD を行い，薄膜を形成する技術はある．しかし，プラズマ CVD は，これにくらべて低温なため，基板などを痛めないですむという利点がある．

8.2 プラズマジェット

プラズマのおもしろい利用として，図 8.2 のように，プラズマを加速してジェット状に打ち出すことが考えられており，これをプラズマジェットとよぶ．これによってロケットなどを推進することも考えられている．また，プラズマジェットを半径数 mm 程度に小さくして，材料表面の加工や微量化学物質の検出に利用することも考えられている．

プラズマジェットの原理は以下のとおりである．まず，放電でできたプラズマに，図 8.2 のように電流を流すと，電流が流れて磁場 B ができる．この電流 J と磁場 B とで，$J \times B$ のローレンツ力がプラズマにかかり，それはプラズマを図 8.2 のように押

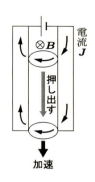

図 8.2　プラズマジェット

し出す方向になる．プラズマを放り出して，その反作用でロケットは推進される．

8.3　探針法によるプラズマの電子温度の測定

　この節では，プラズマの電子温度をどのようにして測定するかについて紹介しよう．ここで紹介する方法は，探針法とよばれ，プラズマ中にプローブ (探針) とよばれる針をさし込んで診断する方法である．この方法では，プラズマはすでに平衡状態にあり，マクスウェル分布 f_M をしている場合に使われる．

　プラズマを測定する方法としては，探針法のほかにもさまざまな方法がある．たとえば，電磁波をプラズマ中に通すと，波の波長が変化することを利用して，プラズマ電子の密度を計測する方法や，プラズマ中で生成された成分を調べるために，プラズマ中から出た光，あるいはプラズマに照射した光の通過光を分光測定する方法も用いられている．ここでは，探針法についてのみ紹介する．

　プラズマ中に表面積 S のプローブをさし込み，電圧をかけよう．まず，図 8.3 のように，プローブの電圧 V_p をプラズマに対してマイナスにすると，プローブに向かうイオンはすべて集められるが，遅い速度 v_x をもった電子はプローブからはね返される．

　つまり，イオンからのプローブ電流への寄与は，マクスウェル分布による平均を $\langle\ \rangle$ で表して，

図 8.3　探針によりプラズマを診断する

$$I_i = S \int_0^\infty f_M v_x \, dv_x = \frac{S}{4} n_0 \langle v_i \rangle \tag{8.1}$$

となり，電子からの寄与は，

$$I_e = S \int_0^{v_e} f_M v_x \, dv_x = \frac{S}{4} n_0 \langle v_e \rangle \exp\left(\frac{eV_p}{T_e}\right) \tag{8.2}$$

となる．ここで v_e は

$$\frac{m_e v_e^2}{2} = e|V_p| \tag{8.3}$$

から求まる．したがって，$V_p < 0$ のとき，全電流は

$$I = I_i - I_e = \frac{S}{4} n_0 \left\{ \langle v_i \rangle - \langle v_e \rangle \exp\left(\frac{eV_p}{T_e}\right) \right\} \tag{8.4}$$

となる．

また，$V_p > 0$ のとき，プローブに向かうすべての電子はプローブに集められる．逆に，イオンは遅い速度をもつ場合，はね返される．ゆえに，

$$I_i = \frac{S}{4} n_0 \langle v_i \rangle \exp\left(-\frac{q_i V_p}{T_i}\right) \tag{8.5}$$

$$I_e = \frac{S}{4} n_0 \langle v_e \rangle \tag{8.6}$$

となる．全電流は，

$$I = I_i - I_e = \frac{S}{4} n_0 \left\{ \langle v_i \rangle \exp\left(-\frac{q_i V_p}{T_i}\right) - \langle v_e \rangle \right\} \tag{8.7}$$

である．ここで，イオンは電子にくらべて重く，I への寄与が小さいと考えられるので，無視することができる．すると，

$$I = \begin{cases} -\dfrac{S}{4} n_0 \langle v_e \rangle \exp\left(\dfrac{eV_p}{T_e}\right) & (V_p < 0) \tag{8.8a} \\ -\dfrac{S}{4} n_0 \langle v_e \rangle & (V_p > 0) \tag{8.8b} \end{cases}$$

を得る．ここで，式 (8.8a) の両辺に ln を演算する．すると，つぎのようになる．

$$\ln(-I) = \ln\left(\frac{S}{4} n_0 \langle v_e \rangle\right) + \frac{e}{T_e} V_p \tag{8.9}$$

したがって，電流の対数を縦軸にとり，横軸を V_p で書けば，傾き θ より電子温度 T_e が求まることになる．

ここでは，プラズマ中にプローブを差し入れてプラズマを診断した．もちろんプローブの大きさは，プラズマの大きさにくらべてずっと小さくなければならない．あまり

にも大きなプローブを入れると，プラズマ自身を変化させてしまい，何を測定しているのかわからなくなってしまう．

8.4 核融合への応用

本節では，プラズマの応用として，核融合について紹介しよう．

我々が毎日使用している石油や石炭などの化石燃料は，さまざまな形で我々のくらしに役立てられている．車，電力，繊維，暖房など，1日として，石油のお世話にならない日はない．しかし，化石燃料はいずれはその量が減少し，枯渇あるいは価格の高騰を招く可能性もある．すでに，化石燃料の量の減少の影響が価格にあらわれているのかもしれない．

2011年に福島第一原子力発電所で深刻な事故を起こした核分裂炉では，たとえば，

$$^{235}_{92}U + ^{1}_{0}n \rightarrow A_1 + A_2 + 2.43^{1}_{0}n \tag{8.10}$$

なる反応で，ウラン235 (^{235}U) を分裂させて，エネルギーを取り出している．ここで，A_1 と A_2 は核分裂生成物である．ウランのように重い核は，分裂するとエネルギーを解放する．これは結合エネルギーに関係している．結合エネルギーとは，中性子と陽子(これをまとめて核子とよぶ)を集めて，核をつくったときに解放されるエネルギーである．逆にいえば，核を核子にばらばらにするときに必要なエネルギーが結合エネルギーである．

いま述べたように，重い核を軽い核に分裂させたときにエネルギーが解放されるということから，重い核の結合エネルギーが小さく，軽い核の結合エネルギーが大きいと考えられる．実際，模式的に結合エネルギーのグラフを書くと，図8.4のようになっている．核分裂反応は，この自然の性質を利用しているのである．世界初の核分裂炉は，1942年にフェルミ (Fermi) らによってシカゴにつくられ，CP-1とよばれた．

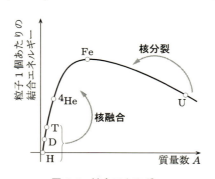

図 8.4　結合エネルギー

よく知られているように，式 (8.10) の反応式で見た核分裂生成物の中には，放射線を長期にわたって放出するものもあり，その処理を考える必要がある．

ところで，重い核が軽い核に分裂するときにエネルギーを解放するメカニズムが，結合エネルギーの差によるのであれば，軽い核 (水素のような) を二つ融合させて重い核をつくっても，エネルギーが取り出せそうだと図 8.4 から予想できる．それを図中にもう一つの矢印で示した．これが核融合である．たとえば，水素の同位体の二重水素 D と三重水素 T を融合させると，ヘリウム α 粒子 ^{4}He と中性子になる (これは DT 反応とよばれ，反応式はつぎのようになる)．

$$^2\text{D} + {}^3\text{T} \rightarrow {}^4\text{He} + {}^1n + 17.6\,\text{MeV} \tag{8.11}$$

そして，放出されるエネルギーは，1 反応あたり $17.6\,\text{MeV} = 2.82 \times 10^{-12}\,\text{J}$ である．ほかにも，DD 反応

$$^2\text{D} + {}^2\text{D} \rightarrow \begin{cases} {}^3\text{He} + {}^1n + 3.27\,\text{MeV} \\ {}^3\text{T} + {}^1\text{H} + 4.03\,\text{MeV} \end{cases} \tag{8.12}$$

などがある．

この核融合については，現在研究が進められている段階で，実用化には至っていない．しかし，自然界の中にはこの融合反応は見られる．太陽エネルギーの源がそれである．太陽は，1 日に約 $3.3 \times 10^{31}\,\text{J}$ のエネルギーを放出し，そのうち約 $1.5 \times 10^{22}\,\text{J}$ のエネルギーが 1 日で地球にふりそそいでいる．このエネルギーは，人類が年間に使うエネルギー (おおよそ $5 \times 10^{20}\,\text{J/年}$) とくらべても膨大である．太陽はこの膨大なエネルギーを 50 億年程度放出し続けているのである．このエネルギーが核融合エネルギーである．もし，式 (8.11) や式 (8.12) のような反応で核融合炉ができると，重水素 D は海水中にあるため，日本も資源国となる．そしてその量も大量であり，エネルギー問題の核心部分は解決されうる．

我々は，なぜ核エネルギーを利用したいと考えているのであろうか．それは同じ燃料量から放出されるエネルギー量が多いからである．このことを考えてみよう．いま，$40\,\text{Km/h}$ で走っている質量 M の車の運動エネルギーを考えると，$40\,\text{Km/h} \sim 11\,\text{m/s}$ だから，$M \times (11\,\text{m/s})^2/2$ となる．一方，核エネルギー，たとえば，核融合エネルギーについて考えてみよう．核融合エネルギーの源は，質量であることに注意すると，そのエネルギーは Mc^2 となる．これは，1905 年にアルベルト・アインシュタインによって提出された特殊相対性理論による結果である．つまり，核反応でできた質量欠損分が，$E = Mc^2$ によってエネルギーとなって放出されることになる．ここで，運動エネルギーと質量エネルギーを比較してみると，

$$\frac{質量エネルギー}{運動エネルギー} = \frac{Mc^2}{\frac{M}{2}(11\,\mathrm{m/s})^2} \sim 1.5 \times 10^{15} \tag{8.13}$$

となる．つまりこの数値は，質量を何とかしてエネルギーに変換できれば，大量のエネルギーが取り出せることを示している．

8.4.1 核融合反応

核融合反応の起こりやすさは，反応をするための反応断面積の大きさに依存する．現在の研究では，もっとも反応断面積の大きな DT 反応を中心に調べられている．そこで，以後，DT 反応を中心に考えていこう．式 (8.11) の DT 反応方程式において，そのエネルギー 17.6 MeV が質量欠損からくることを示そう．^{16}O を 16 とするような物理的質量単位を使うと，

$$\mathrm{D}(2.01471) + \mathrm{T}(3.01700) - \mathrm{He}(4.00390) - n(1.00893) = 0.01888 \tag{8.14}$$

となる．この分の質量がエネルギーとして解放されて，17.6 MeV となる．DT 反応を 1 回だけ起こしても，我々の必要とするエネルギー総量をまかなうことはできない．そのため，多数個の D と T を反応させるのである．

いままで，D と T の核の融合を考えてきたが，融合させることは簡単なのであろうか．単純に考えても，D と T の核はプラスの電荷をもっているのだから，たがいにクーロン反発力がはたらく．そのため，融合させるためには，図 8.5 のようにこのクーロン反発力に打ち勝って，核を近づけなくてはならない．そのためには，たとえば，D と T の核を加速器で加速して，たがいに衝突させてクーロンバリヤーを乗り越えさせる方法が考えられる．この方法は，現在はエネルギー源というよりは，中性子を材料試験などに使う目的で，中性子源として使われている．もう一つの方法は，D と T の混合プラズマをつくり，それを加熱することで，D と T の核に熱速度を与えて，うま

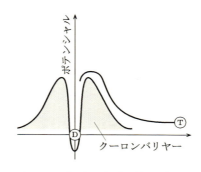

図 8.5 クーロンバリヤーを乗り越えて核融合させる

く衝突し核融合反応するのを待つ方法である．これは**熱核融合**とよばれ，現在の研究の中心的方法である．

　DT 反応断面積は，D と T の相対運動のエネルギーが 100 keV 程度で最大になる．そのため，DT プラズマを 100 keV ほどに加熱してやれば，効率よく核融合反応を起こすことができる．しかし，前にマクスウェル分布について見たように，100 keV より低い温度であっても，数は少なくなるが，100 keV 程度のエネルギーをもつ粒子も存在する．そのため，現在は，10 keV ほどに DT プラズマを加熱することを目標にしている．というのも，DT 燃料を 10 keV に加熱するのと，100 keV に加熱するのとでは，加熱するために使われるエネルギー，つまり，入力エネルギーが 10 倍も異なるからである．

　つぎに，核融合反応回数を考えてみよう．核融合反応断面積を σ とし，D と T の相対速度を v としよう．また，D の数密度を n_D，T の数密度を n_T とする．すると単位時間単位体積あたりに反応する回数は，

$$n_\mathrm{D} n_\mathrm{T} \sigma v \tag{8.15}$$

と表せる．また，DT プラズマがマクスウェル分布に従うとすると，v に分布があるように，σ も v によって変化するので，σv を平均化して，

$$n_\mathrm{D} n_\mathrm{T} \langle \sigma v \rangle \tag{8.16}$$

とすると便利である．$\langle \sigma v \rangle$ は**反応率**とよばれる．

8.4.2　ローソン条件—核融合反応を持続させるための条件

　太陽では核融合反応が約 50 億年間も持続してきているが，これはプラズマを太陽自身の重力で閉じ込めているからである．地上で核融合反応を持続させるためにも，何らかの工夫によって，プラズマを閉じ込めなければならない．このプラズマの閉じ込めをいかにして達成するかについては，次項で考える．ここではその前に，どのくらいのプラズマをどれだけの時間閉じ込める必要があるかを示す条件，つまり，核融合反応を持続させるための条件について考える．

　まず，核融合反応を起こせるように，10 keV に加熱された DT プラズマを考える．このプラズマの温度が下がると，反応が持続しない．では，プラズマの温度を下げる原因は何だろうか．一つ目の原因として，プラズマが 10 keV，1 億 °C もの温度になっているため，とくに，電子からの放射損失が考えられる（図 8.6 参照）．それを E_{BL} としよう．ほかには，プラズマの閉じ込めがうまくいかず膨張してしまうことも考えられる．それによって密度が下がるし，温度も下がってしまう．

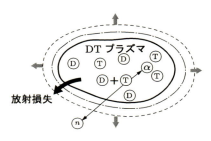

図 8.6　DT 反応の持続

それでは，逆にプラズマを加熱してくれる機構はないのであろうか．式 (8.11) で見たように，DT 反応では α 粒子 (^{4}He) と中性子ができる．中性子はほとんどプラズマを加熱することなく外に逃げてしまうが，α 粒子は荷電粒子で，プラズマとよく衝突をして加熱してくれる．これらのことを式で表そう．プラズマの密度を n として，$n_D = n/2$, $n_T = n/2$ とする．プラズマのエネルギーは $(3nT/2) \times 2$ となる．ここで，2 倍したのは，プラズマ中に n 個のイオンと n 個の電子の 2 種があるためである．すると，

$$\frac{d(3nT)}{dt} = -E_{BL} - \frac{3nT}{\tau} + \frac{n^2 \langle \sigma v \rangle}{4} E_\alpha \tag{8.17}$$

と書ける．このとき，右辺の第 2 項は膨張によるエネルギー密度の減少項で，第 3 項は α 粒子による加熱の項である．E_α は α 粒子一つのもつエネルギーで，3.5 MeV である．式 (8.11) で示した 17.6 MeV という DT 反応によって放出されるエネルギーは，α 粒子と中性子の運動エネルギーの形で解放される．運動量保存則が成り立つため，α 粒子と中性子は，発生すると反対方向に飛び出し，エネルギーは質量に逆比例して配分される．したがって，17.6 MeV のうち 1/5 は α 粒子に，4/5 は中性子に配分される．

ここで，核融合反応が持続するためには，式 (8.17) の左辺が 0，つまり，プラズマのエネルギーが下がらないことが必要となる．この条件を用いて式 (8.17) を変形していくと，求めたい核融合反応持続条件が得られる．ここでは E_{BL} の表式を導出していないので，その条件の導出過程は省略するが，温度を 10 keV とすると，ほぼ

$$n\tau \geq 10^{20}\,\mathrm{s/m^3} \tag{8.18}$$

という条件が得られる．たとえば，$n = 10^{20}/\mathrm{m}^3$ のプラズマであれば，$\tau = 1\,\mathrm{s}$ となり，DT プラズマを 1 秒間閉じ込めることが最低必要となる．この条件をローソン条件とよぶ（詳しくは文献 [13] を参照のこと）．

式 (8.12) に示した DD 反応の場合に，同じような条件を出してみると，$n\tau > 10^{22}\,\mathrm{s/m^3}$ となり，2 桁ほど難しくなる．

8.4.3 プラズマの閉じ込め—磁場によってプラズマを閉じ込める

前項で，プラズマを閉じ込める目安となるローソン条件がわかった．ここでは，いかにしてプラズマを閉じ込めるかについて考える．

すでに，電磁場中での1個の荷電粒子の運動のところで見たように，磁場中では，荷電粒子は磁力線のまわりをサイクロトロン運動して，磁場にそって運動することを見た．つまり，磁場を横切る運動は妨げられるのである．この性質を利用して，プラズマを閉じ込めようとする方法が考えられる．この方法は，**磁場閉じ込め核融合**とよばれる．

図 8.7(a) には，円柱プラズマの軸方向にだけ磁場 B_z がある場合を示した．この場合，磁場の強さが十分であれば，プラズマ中の粒子は図の円柱の横方向には逃げにくいと考えられる．しかし，軸方向には磁場が開いていて，プラズマ粒子は軸方向に逃げてしまう．これを避ける方法はいくつか考えられる．

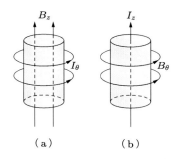

図 8.7　簡単な磁場配位

一つには，図 8.7 の円柱を曲げて，図 8.8 のようなドーナツ状にする方法がある．このとき，プラズマ粒子はプラズマ自身の中を動くだけであるため，軸方向に粒子が動いても，まったく問題ない．ドーナツ状の配位をトーラスというが，トーラス状の場

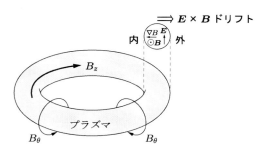

図 8.8　トーラス磁場配位

合に，図 8.8 の磁場 B_z だけで実際にプラズマを閉じ込めてみる．すると，図 8.7(a) の磁場を曲げたために，図 8.8 でトーラスの内側の磁場のほうが外側より強いことに気づく．そのため，ドリフトのところで考えた ∇B (グラジエント B) ドリフトが生じる．∇B ドリフトでは，プラスとマイナスの電荷によって，ドリフト方向が異なる．すると，電荷分離が生じ，電場 E が生じる (図 8.8 の断面図参照)．E が生じる原因はもう一つある．それは，図 8.8 のように B_z が曲がっているために，B_z にそって動く粒子が遠心力を受け (遠心力ドリフトである)，そのため電荷分離が起こり，E が生じることである．こうしてできた電場 E と B_z とによって，さらに $E \times B$ ドリフトが生じる．その方向は，図 8.8 に示したように，トーラスの外側にプラズマを押し出す方向である．これでは，プラズマの閉じ込めには困る．

そこで，図 8.7(b) と図 8.8 にも示した B_θ を印加することが考えられる．B_θ があると，B_z と B_θ の合成された全磁場は，ら旋状になる．すると，あるところで，$E \times B$ ドリフトによって外側に押し出されたプラズマは，ら旋状の磁場にそって動いていくうちに，トーラスの外側から内側へと位置を変えることができる．こうして，プラズマがトーラスから外側へ逃げるのを防いでいる．

図 8.8 のような磁場配位による閉じ込め方式の代表は，トカマク装置である．代表的な大型トカマク装置は ITER (international thermonuclear experimental reactor) とよばれ，国際協力の下で建設され，実験が行われる．

トカマク装置の場合で，核融合反応を起こすことを考えよう．まず，プラズマを 1 億 °C に加熱しなければならない．そのための方法としてプラズマ中に I_z の電流を流し，この電流によるジュール熱で加熱することが考えられる．また，ジュール熱だけでは加熱が足りないので，中性の粒子を加速して，プラズマ粒子と衝突させて熱を与えようとする方法が使われている．これは中性粒子ビーム入射 (NBI) 加熱とよばれる．ほかにも，プラズマ中に波動を入射して，波によって粒子にエネルギーを与えて加熱する方法も使われている．これは波動加熱とよばれる．

8.4.4 プラズマの閉じ込め—慣性核融合

前項では，プラズマを閉じ込めるために磁場を用いる方法について紹介した．また，8.4 節の導入で見たように，太陽は重力を利用していた．そのほかに，核融合プラズマからエネルギーを解放する方法はないだろうか．要するに，DT 核融合反応を持続するためには，ローソン条件 $n\tau > 10^{20}$ s/m^3 を満足すればよい．磁場閉じ込め方法では，$n \sim 10^{20}$ /m^3 で，閉じ込め時間 τ が数百秒程度，あるいは，それ以上を目標としている．たとえば，$n \sim 10^{29}$ /m^3 であれば，$\tau \sim 10^{-9}$ s でもローソン条件は満足される．このような，τ の小さい方式が慣性閉じ込め方式である．

まず，10^{-9} s という時間について考えよう．ある箱の中のガスが高温に熱せられたとする．そして，$t=0$ に瞬時に箱の壁をすべて取り除く．すると，そのガスは膨張するであろう．この膨張する，とは一体どういうことであろうか．ある時間 t で密度分布を書くと，図 8.9 の ⓐ のようになると考えられる．ガスの中心からあるところまでは，まだ膨張が始まったという情報が伝わらず，初期密度 n_0 のままになっているであろう．それより外側では膨張が始まっている．そして，時間がたつと，図中の ⓑ やⓒ のカーブのように，内側に膨張する情報が伝わり，中心までくるとガスは飛び散ることになる．したがって，飛び散る時間とは，外側から膨張するという情報が伝わり，中心に到達するまでの時間である．この膨張波の伝わる速さは，音速 $C_s \sim \sqrt{T/m}$ で与えられる．いま，10 keV 程度に加熱された DT プラズマを考えると，おおよそ $C_s \sim 10^6$ m/s となる．

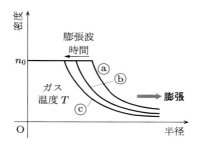

図 8.9 ガスの膨張

たとえば，1 mm の半径の球を考えると，その膨張する時間は $0.001 \text{ m}/(10^6 \text{ m/s})$ で 10^{-9} s となる．先ほどの 10^{-9} s という閉じ込め時間は，ちょうどこの場合に相当する．

結局，慣性で閉じ込めることは，DT 燃料プラズマが膨張して飛び散るのにまかせるということである．つまり，閉じ込めない方法が慣性閉じ込めの方法である．「慣性」という言葉は，止まっている物質が止まったままでいるという，慣性の法則の「慣性」に由来する．

ところで，ローソン条件を満足しようとすると，粒子密度 n は磁場閉じ込め核融合の場合とくらべるとずっと高く，$n > 10^{29}$ /m^3 となる．

ここで，半径 r の DT 燃料を温度 T にまで加熱するために必要な入力エネルギーを考えよう．

$$E_{\text{in}} = 2 \times \frac{3nT}{2} \times \frac{4\pi r^3}{3} = 4\pi nTr^3 \tag{8.19}$$

また，ローソン条件を，$\tau \sim r/C_s$ を用いて

$$nr > 10^{20} C_s [\mathrm{s/m^3}] \tag{8.20}$$

とすると，

$$E_\mathrm{in} > 4\pi T (10^2 C_s)^3 \frac{1}{n^2} \tag{8.21}$$

となる．つまり，入力エネルギー E_in は $1/n^2$ に比例する．したがって，粒子密度を上げれば上げるほど E_in は小さくてすむ．これは，核融合反応率が $n^2 \langle \sigma v \rangle$ に比例していて，n の2乗で反応率が高くなることと関連している．すなわち，反応率が高くなると，短い時間で十分な核融合反応出力エネルギーがとれる．そのため，τ が小さくてよく，$r \sim C_s \tau$ より r が小さくてすむ．r が小さいということは，燃料量が少ないということで，入力エネルギーが小さくてすむということである．

つまり，n を大きくすることは，入力エネルギーが少なくてすみ，反応率も高くなるため非常に望ましい．そこで，現在は密度 n を DT 燃料の液体密度 n_l の 1000 倍ほどにまで圧縮することが提案されている．n が n_l のままだとすると，入力エネルギー E_in が大きくなりすぎ，我々が与えられうるエネルギー量をはるかに超える．$n = 1000 n_l$ にすれば，半径 1 mm の DT 燃料で E_in が適当な値である 100 kJ ～ 1 MJ になる．

それでは，DT 燃料を考え，その密度を 1000 倍に圧縮することを考えよう．1000 倍という値を具体的に感じるには，たとえば，半径 1 cm のボールを押し縮めて，半径 1 mm の球にすることを想像すればよい．これは，容易ではなさそうである．では，DT 燃料を圧縮するにはどうしたらよいのであろうか．それには，ロケットを推進するときに使われる方法と同じ方法を使う．ここでは，DT 燃料球を考え，これを急激に圧縮 (爆縮) することを考える．図 8.10 のように，質量 m と M の物質の間に高圧部をつくり，両方を動かす．その際，運動量保存則が成り立つので，

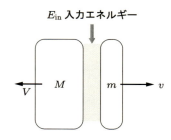

図 8.10　核融合燃料 m の加速
入力エネルギーで灰色部分を加熱し，高圧力を生み出し，m と M を動かす．ロケット m の推進では $m \gg M$ である．

である．また，エネルギー保存則より，

$$MV = mv \tag{8.22}$$

$$E_{\text{in}} = \frac{MV^2}{2} + \frac{mv^2}{2} \tag{8.23}$$

である．ここで，熱エネルギーは無視した．いま，圧縮される DT 燃料を図 8.10 では m と書かれた右側の物質であるとすると，E_{in} のうち m に入るエネルギーは

$$\eta = \frac{\frac{mv^2}{2}}{E_{\text{in}}} = \frac{M}{M+m} \tag{8.24}$$

と書ける．したがって，この η は，外に吹き飛ぶ物質の質量 M が大きいほど大きくなり，E_{in} が有効に使われることを意味している．

例題 8.1 ▶ 式 (8.24) $\eta = \dfrac{M}{M+m}$ を式 (8.22)，(8.23) より導出せよ．

解答 ▶ 入力エネルギー E_{in} のうち，m に与えられるエネルギーの割合は，式 (8.24) 第 2 項より $\eta = (mv^2/2)/E_{\text{in}}$ である．これは，式 (8.23) よりつぎのようになる．

$$\eta = \frac{\frac{mv^2}{2}}{\frac{MV^2}{2} + \frac{mv^2}{2}}$$

式 (8.22) より $V = \dfrac{m}{M}v$ とし，これを η に代入すると，式 (8.24) が求められる．

具体的には，何を入力エネルギーとして使うのだろうか．現在，もっとも研究が進められているものはレーザーである．レーザーは指向性があり，エネルギーを遠くに伝送したり，小さな領域に集中したりするのに好都合である．図 8.11(a) のように，半径の小さな DT 燃料にレーザーを照射すると，レーザーは表面で吸収される．レーザーも光と同じ電磁波で，5.4 節の電磁波のプラズマ中での伝播のところで考えたように，電磁波の振動数とプラズマの振動数が同じになると，それ以上に高い電子密度の中へは伝播できない．ここで，プラズマといったのは，DT 燃料の表面に強力なレーザーが照射されると，表面の物質がレーザーの電場によって電離され，同時に，吸収された熱によっても電離されるため，プラズマ状態になるからである．すると，表面にプラズマができ，図 8.9 の状況が出現する．レーザーを直接 DT 燃料の表面に照射すると，表面でレーザーは吸収されるため，図 8.10 の M は m よりずっと小さくなってしまう．したがって，η は小さくなる．それでも図 (b) のように，DT 燃料は球の中心に

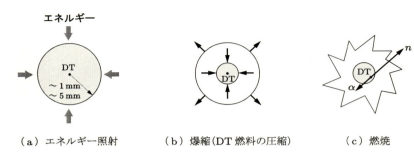

(a) エネルギー照射　　　（b）爆縮(DT燃料の圧縮)　　　（c）燃焼

図 8.11　DT 燃料の爆縮

向かって圧縮されていく．この圧縮時間が短く，DT 燃料を爆発的に圧縮するため爆縮とよばれる．そして，DT 燃料（数）密度が 1000 倍にも圧縮され，1 億 °C に加熱されると，DT 核融合反応が起き，核融合エネルギーが解放される．

また，レーザーで核融合を行おうとする場合に，効率 η を上昇させるための方法も提案されている．まさに，図 8.10 の図において，M と m の間の隙間にレーザーのエネルギーを入れることができれば，η を大きくすることが可能である．これを実現する方法として，間接照射型の燃料ペレット構造（図 8.12 参照）が提案され，実験が進んでいる．間接照射型の燃料ペレット構造では，DT 燃料の周りに，隙間をおいてもうひとつ殻をおき，その殻にレーザーが通れるくらいの穴を開けておく．その穴からレーザーを入射し，その隙間にレーザーのエネルギーを与える．こうすることで，図 8.10 の M と m の隙間にエネルギーを入れることができ，η を大きくすることができる．

上では，レーザーを用いる方法を紹介したが，イオンビームを用いる方法では，図 8.10 で M を m より自然に大きくできる可能性が指摘されている．

慣性核融合では，いかに均一に燃料密度を 1000 倍ほどに圧縮するかが課題である．

図 8.12　間接照射型の燃料ペレットの例
中空の円柱の内面にレーザーのエネルギーを与え，
X 線に変換して，DT 燃料を爆縮する．

この課題は難しく，レーリー・テーラー不安定性が高い圧縮とその核融合反応の点火を妨げる．

図 8.13 のように，重力 g が図の下方向を向いているとき，レーリー・テーラー不安定性は，うまく油の上に水をおくことができたとしても，何らかのゆらぎで図 (a) のように境界に波がたつと，成長して図 (b) のようになり，結局は水と油を入れ替えてしまう．より一般的には，レーリー・テーラー不安定性は，力がかかっていて，力に逆らって重いものを軽いものが支えようとするときに生じる (7.5 節も参照のこと)．

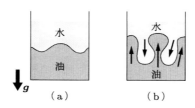

図 8.13　レーリー・テーラー不安定性

爆縮の途中においてもこのような状況が生じ，ある程度圧縮できたところで，軽い物質と圧縮された DT 燃料が入れ替わってしまう．今日までの研究では，初期のゆらぎが数%以下であれば，うまく圧縮できそうだというところまでわかってきた．さらに，最近の実験研究[†1]で，実際に核融合燃料を個体密度の数千倍まで圧縮し，核融合反応を連鎖的に起こすことには成功した．しかし，入力エネルギーを超えるほど核融合反応を進めるところまではいかず，実用化にはもうしばらく研究が必要なようである．

8.5　レーザーによる粒子加速

現在までのレーザー技術の大きな発展により，非常に高強度のレーザーを発振できるようになった．いまでは，おおよそ 10^{21} W/cm^2 以上の高強度のレーザーも利用できる．

この発展を受け，高強度のレーザーを長大な粒子加速器の代わりに用いて，電子やイオンを加速するレーザー加速や，放射を出すことなどに用いようとする動きが出てきた．レーザーによって，おおよそ MV/μm 以上の強さの電場を利用できるようになっ

[†1] 興味のある方は，以下の文献などを参照のこと．Hurricane, O. A., Callahan, D. A., *et al*.: Fuel gain exceeding unity in an inertially confined fusion implosion. Nature **506**, pp.343-348 (2014). Park, H.-S., Hurricane, O. A., Callahan, D. A., *et al*.: High-Adiabat High-Foot Inertial Confinement Fusion Implosion Experiments on the National Ignition Facility. Physical Review Letters **112**, 055001 (2014).

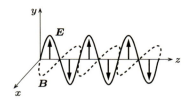

図 8.14　レーザーの電磁場

た．この強い電場を利用することで，小型の粒子加速が可能になるのではないかと考えられ，研究が盛んに行われている[†1]．

レーザーの電磁場は，おおまかには図 8.14 のように，レーザーの進行方向 z に対して垂直方向に電場 E と磁場 B があり，電場と磁場もたがいに垂直になっている．

このレーザーの場の中に一つの電子を放り込んだとすると，この強い電場で電子が強く加速されるだろうと想像できる．レーザーは光速 c で z 方向に飛んでいる．電子は光の速度にはなり得ないので，図 8.14 の z 軸上に，もし，電子を一つおいたとすると，その電子を追い越してレーザーが進んでいくことになる．その際に，電子のエネルギーがどのように変化するかを考えてみる．図 8.15 のように，電子は，まずエネルギーをレーザー場から得るが，得た分のエネルギーを失っている．図 8.15 には，電子がレーザー場の 1 波長分だけすり抜けた場合のエネルギーの変化を表している．

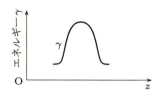

図 8.15　レーザー場中を 1 波長分だけすり抜けたときの
電子のエネルギーの変化

図 8.15 の結果は，レーザーの場が，図 8.14 のように，空間的かつ時間的に対称性をもっていることから生じる．図 8.14 の半波長の電場で電子が加速されるが，残りの半波長で電子は減速されて，元のエネルギーに戻ってしまう．そうすると，いくら強いレーザーが使えるようになっても，レーザーから荷電粒子へエネルギーを与えることができなくなる．

[†1] 興味のある読者には，以下の文献などを勧める．T. Tajima and J. Dawson: Laser Electron Accelerator. Physical Review Letters **43**, pp.267-269 (1979). G. A. Mourou, T. Tajima, S. V. Bulanov: Optics in the relativistic regime. Reviews of Modern Physics **78**, pp.309-372 (2006).

しかし，さまざまな工夫で，荷電粒子を加速することが可能になる．たとえば，上記の例であれば，電子がエネルギーを得た場所に，金属薄膜やプラズマをおいておき，レーザーだけを反射させることでも，電子にエネルギーを与えることはできる．レーザーの場で減速をさせないという考え方である．

一方，現在盛んに行われているのは，高強度のレーザーをプラズマに照射し，一瞬で電子のみを弾き飛ばし，強い電場で，電子やイオンを加速させようとする研究である．密度の低めのプラズマにレーザーが照射されると，電子をはじき出し，電子の少ない領域がバブルのように形成される．そして，そこに強い電場を形成し，電子を高いエネルギーにまで加速できる．また，強いレーザーを金属薄膜などに照射し，一瞬で薄膜をプラズマ化し，電子を弾き飛ばす．すると，薄膜のイオンがつくる強い電場が生じ，この電場でイオンを加速することもできる．レーザーによる粒子加速では，このようにさまざまなアイデアが出されており，今後は制御性をもたせることなどに工夫が求められるものと考えられる．今後の研究に期待したい．

▶▶ 演習問題

8.1 レーザー核融合などで利用されるレーザーが，物質表面でのみエネルギーを与え，物質内部にエネルギーを与えないのはなぜか．

8.2 イオンビームを用いるイオンビーム核融合において，イオンビームと核融合 DT 燃料との相互作用について説明せよ．

付　録

A　物理量の値と数学公式

A.1　基本的な物理量の値

名　称	記　号	数　値	単　位
単位電荷量	e	1.6022×10^{-19}	C
電子の質量	m_e	9.1094×10^{-31}	kg
陽子の質量	m_p	1.6726×10^{-27}	kg
真空の誘電率	ϵ_0	8.8542×10^{-12}	F/m
真空の誘磁率	μ_0	1.2566×10^{-6}	H/m
真空中の光速	c	2.9979×10^8	m/s
電子の静止質量エネルギー	$m_e c^2$	510.98	keV
陽子の静止質量エネルギー	$m_p c^2$	0.93823	GeV
1 eV		1.6022×10^{-19}	J
1 eV		1.1604×10^4	K
ボルツマン定数	k (または k_B)	1.3807×10^{-23}	J/K

名　称	記　号	SI 単位系	CGS 単位系
電荷		1 Coulomb	3×10^9 statcoulomb
電流		1 Ampere	3×10^9 statampere
電場	$\boldsymbol{E}$	1 Volt/m	$(1/3) \times 10^{-4}$ statvolt/cm
電圧		1 Volt	$(1/3) \times 10^{-2}$ statvolt
エネルギー		1 Joule	10^7 erg
力		1 Newton	10^5 dyne
磁束密度 (磁気誘導)	$\boldsymbol{B}$	1 Tesla	10^4 gauss

A.2　ベクトルの公式

以下，$\boldsymbol{a}, \boldsymbol{b}, \boldsymbol{c}, \boldsymbol{d}$ のような太文字はベクトルを，それ以外の φ, ξ のような文字はスカラーを表す．また，$\times$ は外積を，$\cdot$ は内積を表す．

$$\boldsymbol{a} \cdot \boldsymbol{b} = \boldsymbol{b} \cdot \boldsymbol{a}$$

$$\boldsymbol{a} \cdot \boldsymbol{b} \times \boldsymbol{c} = \boldsymbol{b} \cdot \boldsymbol{c} \times \boldsymbol{a} = \boldsymbol{c} \cdot \boldsymbol{a} \times \boldsymbol{b}$$

$$\boldsymbol{a} \times (\boldsymbol{b} \times \boldsymbol{c}) = (\boldsymbol{a} \cdot \boldsymbol{c})\boldsymbol{b} - (\boldsymbol{a} \cdot \boldsymbol{b})\boldsymbol{c} = (\boldsymbol{c} \times \boldsymbol{b}) \times \boldsymbol{a}$$

$$\boldsymbol{a} \times (\boldsymbol{b} \times \boldsymbol{c}) + \boldsymbol{b} \times (\boldsymbol{c} \times \boldsymbol{a}) + \boldsymbol{c} \times (\boldsymbol{a} \times \boldsymbol{b}) = \boldsymbol{0}$$

$$(\boldsymbol{a} \times \boldsymbol{b}) \cdot (\boldsymbol{c} \times \boldsymbol{d}) = (\boldsymbol{a} \cdot \boldsymbol{c})(\boldsymbol{b} \cdot \boldsymbol{d}) - (\boldsymbol{a} \cdot \boldsymbol{d})(\boldsymbol{b} \cdot \boldsymbol{c})$$

$$\nabla(\varphi \xi) = \varphi \nabla \xi + \xi \nabla \varphi$$

$$\nabla(\varphi \boldsymbol{a}) = \varphi \nabla \cdot \boldsymbol{a} + (\boldsymbol{a} \cdot \nabla)\varphi$$

$$\nabla \times (\varphi \boldsymbol{a}) = \varphi \nabla \times \boldsymbol{a} + \nabla \varphi \times \boldsymbol{a}$$

$$\nabla \cdot (\boldsymbol{a} \times \boldsymbol{b}) = \boldsymbol{b} \cdot (\nabla \times \boldsymbol{a}) - \boldsymbol{a} \cdot (\nabla \times \boldsymbol{b})$$

$$\nabla \times (\boldsymbol{a} \times \boldsymbol{b}) = \boldsymbol{a}(\nabla \cdot \boldsymbol{b}) - \boldsymbol{b}(\nabla \cdot \boldsymbol{a}) + (\boldsymbol{b} \cdot \nabla)\boldsymbol{a} - (\boldsymbol{a} \cdot \nabla)\boldsymbol{b}$$

$$\nabla^2 \boldsymbol{a} = \Delta \boldsymbol{a} = \nabla(\nabla \cdot \boldsymbol{a}) - \nabla \times (\nabla \times \boldsymbol{a})$$

$$\nabla \cdot (\nabla \times \boldsymbol{a}) = \boldsymbol{0}$$

$$\nabla \times (\nabla \varphi) = 0$$

$$\iiint_V \nabla \varphi \, dV = \iint_S \varphi \, d\boldsymbol{S}$$

(ここで，V は面 S で囲まれる体積．$d\boldsymbol{S}$ の方向は面 S に垂直で V の外向き．)

ガウスの定理：$\displaystyle\iiint_V \nabla \cdot \boldsymbol{a} \, dV = \iint_S \boldsymbol{a} \cdot d\boldsymbol{S}$

$$\iiint_V \nabla \times \boldsymbol{a} \, dV = \iint_S d\boldsymbol{S} \times \boldsymbol{a}$$

$$\iint_S d\boldsymbol{S} \times \nabla \varphi = \int_l \varphi \, d\boldsymbol{l}$$

(ここで，l は開いた面 S を囲む閉曲線．$d\boldsymbol{l}$ はその閉曲線の方向にそった線素片．)

$$\iint_S (\nabla \times \boldsymbol{a}) \cdot d\boldsymbol{S} = \int_l \boldsymbol{a} \cdot d\boldsymbol{l}$$

A.3 　微分演算子

▶▶(x, y, z) 系

$$(\nabla \varphi)_x = \frac{\partial \varphi}{\partial x}, \qquad (\nabla \varphi)_y = \frac{\partial \varphi}{\partial y}, \qquad (\nabla \varphi)_z = \frac{\partial \varphi}{\partial z}$$

$$\nabla \cdot \boldsymbol{a} = \frac{\partial a_x}{\partial x} + \frac{\partial a_y}{\partial y} + \frac{\partial a_z}{\partial z}$$

$$(\nabla \times \boldsymbol{a})_x = \frac{\partial a_z}{\partial y} - \frac{\partial a_y}{\partial z}$$

$$(\nabla \times \boldsymbol{a})_y = \frac{\partial a_x}{\partial z} - \frac{\partial a_z}{\partial x}$$

$$(\nabla \times \boldsymbol{a})_z = \frac{\partial a_y}{\partial x} - \frac{\partial a_x}{\partial y}$$

$$\nabla^2 \varphi = \Delta \varphi = \frac{\partial^2 \varphi}{\partial x^2} + \frac{\partial^2 \varphi}{\partial y^2} + \frac{\partial^2 \varphi}{\partial z^2}$$

▶▶ 円筒座標 (r, θ, z) 系

$$(\nabla \varphi)_r = \frac{\partial \varphi}{\partial r}, \qquad (\nabla \varphi)_\theta = \frac{1}{r}\frac{\partial \varphi}{\partial \theta}, \qquad (\nabla \varphi)_z = \frac{\partial \varphi}{\partial z}$$

$$\nabla \cdot \boldsymbol{a} = \frac{1}{r}\frac{\partial (r a_r)}{\partial r} + \frac{1}{r}\frac{\partial a_\theta}{\partial \theta} + \frac{\partial a_z}{\partial z}$$

$$(\nabla \times \boldsymbol{a})_r = \frac{1}{r}\frac{\partial a_z}{\partial \theta} - \frac{\partial a_\theta}{\partial z}$$

$$(\nabla \times \boldsymbol{a})_\theta = \frac{\partial a_r}{\partial z} - \frac{\partial a_z}{\partial r}$$

$$(\nabla \times \boldsymbol{a})_z = \frac{1}{r}\frac{\partial (r a_\theta)}{\partial r} - \frac{1}{r}\frac{\partial a_r}{\partial \theta}$$

$$\nabla^2 \varphi = \Delta \varphi = \frac{1}{r}\frac{\partial}{\partial r}\left(r\frac{\partial \varphi}{\partial r}\right) + \frac{1}{r^2}\frac{\partial^2 \varphi}{\partial \theta^2} + \frac{\partial^2 \varphi}{\partial z^2}$$

$$(\nabla^2 \boldsymbol{a})_r = \nabla^2 a_r - \frac{2}{r^2}\frac{\partial a_\theta}{\partial \theta} - \frac{a_r}{r^2}$$

$$(\nabla^2 \boldsymbol{a})_\theta = \nabla^2 a_\theta + \frac{2}{r^2}\frac{\partial a_r}{\partial \theta} - \frac{a_\theta}{r^2}$$

$$(\nabla^2 \boldsymbol{a})_z = \nabla^2 a_z$$

▶▶ 球座標 (r, θ, φ) 系

$$(\nabla \xi)_r = \frac{\partial \xi}{\partial r}, \qquad (\nabla \xi)_\theta = \frac{1}{r}\frac{\partial \xi}{\partial \theta}, \qquad (\nabla \xi)_\varphi = \frac{1}{r \sin \theta}\frac{\partial \xi}{\partial \varphi}$$

$$\nabla \cdot \boldsymbol{a} = \frac{1}{r^2}\frac{\partial (r^2 a_r)}{\partial r} + \frac{1}{r \sin \theta}\frac{\partial (a_\theta \sin \theta)}{\partial \theta} + \frac{1}{r \sin \theta}\frac{\partial a_\varphi}{\partial \varphi}$$

$$(\nabla \times \boldsymbol{a})_r = \frac{1}{r \sin \theta}\frac{\partial (a_\varphi \sin \theta)}{\partial \theta} - \frac{1}{r \sin \theta}\frac{\partial a_\theta}{\partial \varphi}$$

$$(\nabla \times \boldsymbol{a})_\theta = \frac{1}{r \sin \theta}\frac{\partial a_r}{\partial \varphi} - \frac{1}{r}\frac{\partial (r a_\varphi)}{\partial r}$$

$$(\nabla \times \boldsymbol{a})_\varphi = \frac{1}{r}\frac{\partial (r a_\theta)}{\partial r} - \frac{1}{r}\frac{\partial a_r}{\partial \theta}$$

$$\nabla^2 \xi = \Delta \xi = \frac{1}{r^2}\frac{\partial}{\partial r}\left(r^2 \frac{\partial \xi}{\partial r}\right) + \frac{1}{r^2 \sin \theta}\frac{\partial}{\partial \theta}\left(\sin \theta \frac{\partial \xi}{\partial \theta}\right) + \frac{1}{r^2 \sin^2 \theta}\frac{\partial^2 \xi}{\partial \varphi^2}$$

$$(\nabla^2 \boldsymbol{a})_r = \nabla^2 a_r - \frac{2 a_r}{r^2} - \frac{2}{r^2}\frac{\partial a_\theta}{\partial \theta} - \frac{2 \cot \theta\, a_\theta}{r^2} - \frac{2}{r^2 \sin \theta}\frac{\partial a_\varphi}{\partial \varphi}$$

$$(\nabla^2 \boldsymbol{a})_\theta = \nabla^2 a_\theta + \frac{2}{r^2}\frac{\partial a_r}{\partial \theta} - \frac{a_\theta}{r^2 \sin^2 \theta} - \frac{2 \cos \theta}{r^2 \sin^2 \theta}\frac{\partial a_\varphi}{\partial \varphi}$$

$$(\nabla^2 \boldsymbol{a})_\varphi = \nabla^2 a_\varphi + \frac{2}{r^2 \sin \theta}\frac{\partial a_r}{\partial \varphi} - \frac{a_\varphi}{r^2 \sin^2 \theta} + \frac{2 \cos \theta}{r^2 \sin^2 \theta}\frac{\partial a_\theta}{\partial \varphi}$$

A.4　デルタ関数

デルタ関数は，$\delta(x) = \begin{cases} \infty & (x = 0 \text{ のとき}) \\ 0 & (x \neq 0 \text{ のとき}) \end{cases}$ のように定義される．

$$\int_{-\infty}^{\infty} \delta(x)\, dx = 1$$

$$\int_{-\infty}^{\infty} \delta(x - x_0) f(x)\, dx = f(x_0)$$

$$\delta(x) = \frac{1}{2\pi} \int_{-\infty}^{\infty} \exp(ikx)\, dk$$

$$\delta(x) = \delta(-x)$$

$$\delta(ax) = \delta(x) \frac{1}{|a|} \quad (a \neq 0 \text{ のとき})$$

$$x\delta(x) = 0$$

$$f(x)\delta(x - a) = f(a)\delta(x - a)$$

$$\int_{-\infty}^{\infty} \delta(x - a)\delta(x - y)\, dx = \delta(y - a)$$

$$\delta(f(x)) = \sum_n \frac{1}{|f'_n|} \delta(x - x_n)$$

(ここで，$\sum_n$ は $f(x) = 0$ のすべての解についての和である．つまり，$f(x_n) = 0$ である．また，$f'_n = f'(x_n) \neq 0$ である．)

$$\int_{-\infty}^{\infty} \delta'(x) f(x)\, dx = -f'(0)$$

$$\delta'(x) = -\delta'(-x)$$

$$x\delta'(x) = -\delta(x)$$

$$x^2 \delta'(x) = 0$$

$$\delta'(x) = \frac{i}{2\pi} \int_{-\infty}^{\infty} k\, \exp(ikx)\, dk$$

$$\int_{-\infty}^{\infty} \delta'(y - x)\delta(x - a)\, dx = \delta'(y - a)$$

A.5 積分公式

$a > 0$ のとき，以下が成り立つ．

$$\int_0^{\infty} \exp(-ax^2)\, dx = \frac{1}{2}\sqrt{\frac{\pi}{a}}$$

$$\int_0^{\infty} \exp(-ax^2) x^{2n}\, dx = \frac{(2n-1)!!}{2^{n+1}} \sqrt{\frac{\pi}{a^{2n+1}}}$$

(ここで，$(2n-1)!! = (2n-1)(2n-3)\cdots 3 \cdot 1$ である．)

$$\int_0^{\infty} \exp(-ax^2) x^{2n+1}\, dx = \frac{n!}{2a^{n+1}}$$

B 複素関数論

B.1 コーシーの積分定理

複素空間を考える．関数 $f(z)$ が，考えている領域 D で微分可能 (このことを正則という) ならば，図 B.1 のような単純な閉曲線を C として，

$$\oint_C f(z)\,dz = 0$$

である．これがコーシーの積分定理である．

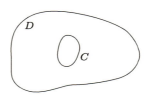

図 B.1 複素平面

また，$f(z)$ を正則として，領域 D 中の閉曲線を C とすると，

$$\frac{1}{2\pi i}\oint_C \frac{f(t)}{t-z}\,dt = f(z)$$

である．これはコーシーの積分公式とよばれる．

さらに，コーシーの積分公式を拡張すると，次式を得る．

$$\frac{n!}{2\pi i}\oint_C \frac{f(t)}{(t-z)^{n+1}}\,dt = \frac{d^n f(z)}{dz^n}$$

B.2 留数定理

関数 $f(z)$ が，

$$f(z) = \frac{A_1}{z-a} + \frac{A_2}{(z-a)^2} + \cdots + \frac{A_m}{(z-a)^m} + g(z)$$

のように書けて，$g(z)$ が正則であるとする．このとき，$z=a$ は **m 位の極**とよばれる．これを図 B.2 の積分路 C にそって積分しよう．また，$z=a$ を中心にして半径 r の円の積分路を Γ とすると，コーシーの積分定理を用いて，つぎのようになる．

$$\oint_C f(z)\,dz = \oint_\Gamma f(z)\,dz = \oint_\Gamma \left\{\frac{A_1}{z-a} + \frac{A_2}{(z-a)^2} + \cdots + \frac{A_m}{(z-a)^m}\right\}dz$$

ここで，$\oint_\Gamma g(z)\,dz = 0$ である．なぜなら，$g(z)$ は正則であるからである．さて，Γ 上では，$z-a = r\exp(i\theta)$ とおける．$dz = ir\cdot\exp(i\theta)\,d\theta$ である．

$$\oint_\Gamma f(z)\,dz = \int_0^{2\pi} d\theta\, ir\exp(i\theta)\left(\frac{A_1}{r\exp(i\theta)} + \cdots + \frac{A_m}{r^m\exp(im\theta)}\right)$$

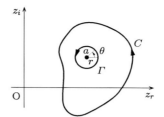

図 B.2　留数定理

$$= 2\pi i A_1 + i \int_0^{2\pi} d\theta \left(\frac{A_2}{r\exp(i\theta)} + \cdots + \frac{A_m}{r^{m-1}\exp\{i(m-1)\theta\}} \right)$$

$$\therefore \quad \oint_C f(z)\,dz = 2\pi i A_1$$

ここで，$\int_0^{2\pi} d\theta \exp(il\theta) = 0\ (l \neq 0)$ であることを用いた．この A_1 を**留数**とよぶ．

特異点が図 B.3 のように何個もあるときは，

$$\oint_C f(z)\,dz = \sum_j \oint_{C_j} f(z)\,dz = 2\pi i \sum_j A_j$$

となる．

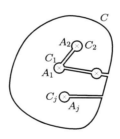

図 B.3　留数

留数 A の求め方は，

$$A = \frac{1}{(m-1)!} \lim_{z \to a} \frac{d^{m-1}}{dz^{m-1}} \{(z-a)^m f(z)\}$$

である．

例題 B.1 ▶ 図 B.4 の積分路を C として，以下を求めよ．

(1) $\displaystyle\oint_C \frac{1}{z^2+1}\,dz$　　　　(2) $\displaystyle\oint_C \frac{1}{(z^2+1)^3}\,dz$

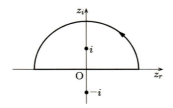

図 B.4　$\int \dfrac{1}{z^2+1}\,dz$ の積分路

解答▶ 図 B.4 のような上半分の半円の積分路をとると，それぞれつぎのようになる．

(1) $\displaystyle\oint_C \dfrac{1}{z^2+1}\,dz = \oint_C \dfrac{1}{(z+i)(z-i)}\,dz = 2\pi i \times (留数) = 2\pi i \times \dfrac{1}{2i} = \pi$

(2) $\displaystyle\oint_C \dfrac{1}{(z^2+1)^3}\,dz = \oint_C \dfrac{1}{(z+i)^3(z-i)^3}\,dz$

$$= 2\pi i \times \dfrac{1}{2!}\left[\dfrac{d^2}{dz^2}\left\{\dfrac{1}{(z+i)^3}\right\}\right]_{z=i} = \dfrac{3}{8}\pi$$

つぎに，

$$\lim_{\eta\to 0}\int_{-\infty}^{\infty}\dfrac{1}{z-a-i\eta}\,dz$$

を考えよう．ここでは，図 B.5 のように積分路をとらなくてはならない．つまり，$a+i\eta$ を半円で回る積分路をとる．すると，上の積分は

$$\int_{-\infty}^{\infty}\dfrac{1}{z-a}\,dz + \int_{-\pi}^{0}\dfrac{1}{r\exp(i\theta)}ri\exp(i\theta)\,d\theta$$
$$= \int_{-\infty}^{\infty}\dfrac{1}{z-a}\,dz + \pi i = \int_{-\infty}^{\infty}\left\{\dfrac{1}{z-a}+\pi i\delta(z-a)\right\}dz$$

と書ける．そこで，

$$\dfrac{1}{z-a\pm i\eta} = \dfrac{1}{z-a}\mp \pi i\delta(z-a)$$

とおくと，上の積分が簡潔に表現できる．これを**プレメリの公式**とよぶ．

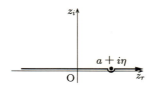

図 B.5　$\displaystyle\lim_{\eta\to 0}\int_{-\infty}^{\infty}\dfrac{1}{z-a-i\eta}\,dz$ の積分路

B.3 式 (6.61) の導出

式 (6.59) に式 (6.58), (6.60) を代入すると, つぎのようになる.

$$\varphi(\boldsymbol{r}) = \frac{1}{(2\pi)^3} \int \frac{\dfrac{q}{\epsilon_0}}{k^2 + \dfrac{1}{\lambda_D^2}} \exp(-i\boldsymbol{k}\cdot\boldsymbol{r})\,d\boldsymbol{k}$$

$$= \frac{q}{(2\pi)^3 \epsilon_0} \int \frac{\exp(-ikr\cos\theta)}{\left(k+\dfrac{i}{\lambda_D}\right)\left(k-\dfrac{i}{\lambda_D}\right)} 2\pi k\,\sin\theta\,d\theta\,k\,dk$$

ここで, 図 B.6 のように球座標系をとり, θ を $\boldsymbol{r}$ と $\boldsymbol{k}$ の間の角とした. また, k は $\boldsymbol{k}$ の大きさ $|\boldsymbol{k}|$ である.

$$\varphi(\boldsymbol{r}) = \frac{q}{4\pi^2\epsilon_0} \int_{-1}^{1} -d(\cos\theta) \int_{0}^{\infty} dk \frac{k^2 \exp(-ikr\cos\theta)}{\left(k+\dfrac{i}{\lambda_D}\right)\left(k-\dfrac{i}{\lambda_D}\right)}$$

$$= \frac{q}{4\pi^2\epsilon_0} \int_{0}^{\infty} dk \frac{k^2}{\left(k+\dfrac{i}{\lambda_D}\right)\left(k-\dfrac{i}{\lambda_D}\right)} \frac{-1}{ikr} \Big[\exp(-ikr\cos\theta)\Big]_{\cos\theta=-1}^{\cos\theta=1}$$

$$= \frac{q}{4\pi^2 i\epsilon_0 r} \int_{0}^{\infty} dk \frac{k}{\left(k+\dfrac{i}{\lambda_D}\right)\left(k-\dfrac{i}{\lambda_D}\right)} \{2i\sin(kr)\}$$

$$= \frac{q}{2\pi^2\epsilon_0 r} \int_{0}^{\infty} dk \frac{k\sin(kr)}{\left(k+\dfrac{i}{\lambda_D}\right)\left(k-\dfrac{i}{\lambda_D}\right)}$$

これは k について偶関数であるから, k の積分範囲を変えて

$$\varphi(\boldsymbol{r}) = \frac{q}{8\pi^2 i\epsilon_0 r} \int_{-\infty}^{\infty} dk \frac{k\{\exp(ikr)-\exp(-ikr)\}}{\left(k+\dfrac{i}{\lambda_D}\right)\left(k-\dfrac{i}{\lambda_D}\right)} \tag{B.1}$$

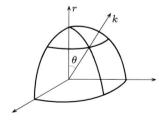

図 B.6 球座標系

$$= \frac{q}{8\pi^2 i\epsilon_0 r} 2\pi i \left\{ \frac{\frac{i}{\lambda_D} \exp\left(-\frac{r}{\lambda_D}\right)}{\frac{2i}{\lambda_D}} - \frac{-\left(-\frac{i}{\lambda_D}\right) \exp\left(-\frac{r}{\lambda_D}\right)}{-\frac{2i}{\lambda_D}} \right\}$$
(B.2)

$$= \frac{q}{4\pi\epsilon_0 r} \exp\left(-\frac{r}{\lambda_D}\right) \tag{6.61}$$

となり，デバイ遮蔽されたポテンシャルを得る．ここで，B.1，B.2 節で示した複素積分法を用いた．

例題 B.2 ▶ 式 (B.1) から式 (B.2) を導出せよ．

解答 ▶ 複素積分を用いる．式 (B.1) の被積分関数の分子を構成する二項を分けて，それぞれ計算する．

まず，

$$\int_{-\infty}^{\infty} dk \frac{k \exp(ikr)}{\left(k + \frac{i}{\lambda_D}\right)\left(k - \frac{i}{\lambda_D}\right)} \equiv I_1$$

を求める．I_1 の被積分関数を図 B.7 の積分路で積分する．ここで，

$$F_1(k) = \frac{k \exp(ikr)}{\left(k + \frac{i}{\lambda_D}\right)\left(k - \frac{i}{\lambda_D}\right)}$$

とする．付録 B.1，B.2 の複素積分により，以下を得る．

$$\oint F_1(k)\,dk = \int F_1(k)\,dk + \int F_1(k)\,dk = 2\pi i \frac{\frac{i}{\lambda_D} \exp\left(-\frac{r}{\lambda_D}\right)}{\frac{2i}{\lambda_D}}$$

この結果は，式 (B.2) の第 1 項に相当する．

$$\oint \equiv \int_{-K}^{K} F_1(k)\,dk$$

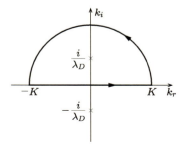

図 B.7　I_1 を求めるための積分路

ここで,$K \to \infty$ の極限をとると,I_1 になる.

残るは $\oint$ の積分である.図 8.9 の上半円にそった積分では,その半径を K として,$k = K\exp(i\theta)$ $(0 \le \theta \le \pi)$ となる.

したがって,$dk = iK\exp(i\theta)\,d\theta$ となる.

$$\therefore \oint = \int_0^\pi d\theta\, iK\exp(i\theta) \frac{K\exp(i\theta)\exp\{iKr\exp(i\theta)\}}{\left\{K\exp(i\theta)+\dfrac{i}{\lambda_D}\right\}\left\{K\exp(i\theta)-\dfrac{i}{\lambda_D}\right\}}$$

$K \to \infty$ にすると,

$$\oint \to \int_0^\pi d\theta\, \frac{iK^2\cancel{\exp(2i\theta)}\exp(iKr\cos\theta - Kr\sin\theta)}{K^2\cancel{\exp(2i\theta)}}$$
$$= \int_0^\pi d\theta\, i\exp(iKr\cos\theta - Kr\sin\theta)$$

ここで,$\sin\theta \ge 0$ $(0 \le \theta \le \pi)$ であるため,$K \to \infty$ にすると,$\exp(-Kr\sin\theta) \to 0$ になる.そのため,$\oint \to 0$ となる.こうして式 (B.2) の第 1 項が求められた.

つぎに,式 (B.2) の第 2 項を求める必要がある.このときは図 B.7 に変えて,図 B.8 の積分路を用いる必要がある.

$$\int_{-\infty}^\infty dk\, \frac{k\exp(-ikr)}{\left(k+\dfrac{i}{\lambda_D}\right)\left(k-\dfrac{i}{\lambda_D}\right)} \equiv I_2$$

は上の導出と同様であるので,省略する.I_2 を求めるために,積分路を図 B.8 のように下側に閉じさせたのは

$$\oint_2 = \oint + \int$$

としたときに,$\int \to 0$ としたいからである.

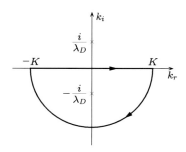

図 B.8 I_2 を求めるための積分路

C クーロン衝突断面積

ここでは 2.4 節の式 (2.26) を導出して，式 (2.29) に示したクーロン衝突断面積を求める．図 C.1 のように，原点に質量 M，電荷 z の重いイオンが固定されている．そこに質量 m，電荷 z' の粒子群が入射され，散乱される．このとき，衝突現象は円筒対称であると考えられる．

図 C.1 の左側から $2\pi b\, db$ の面積に入射してきた粒子が，立体角 $d\Omega = 2\pi \sin\theta\, d\theta$ に散乱されるとき，

$$2\pi b\, db = \sigma(\theta)\, d\Omega$$
$$\therefore \quad \sigma(\theta) = 2\pi b \frac{db}{d\Omega} \tag{C.1}$$

と書ける．この $\sigma(\theta)$ をクーロン衝突断面積とよぶ．

つぎに，衝突径数 b と散乱角 θ の関係式 (2.26) を求める．入射する質量 m のエネルギー E は

$$E = \frac{mv^2}{2} = \frac{mv'^2}{2} + \frac{zz'e^2}{4\pi\epsilon_0 \gamma}$$

である．この式の第 3 項は，散乱後に質量 M からの距離が r になったときのエネルギーである．また，角運動量も保存するので，

$$mr^2\dot{\phi} = mvb$$

が成り立つ．ここで，右辺の v は，衝突径数 b で，遠方から入射するときの速さである．また，ϕ は図 C.1 のとおり，$\phi = \pi - \theta$ である．これらより，クーロン力という中心力による双曲線軌道が求められる．

$$r = \frac{l}{\epsilon \cos\phi - 1} \tag{C.2}$$

ここで，ϕ は r が最小になる点，つまり最近接近した点で $\phi = 0$ とした．

$$\epsilon = \sqrt{1 + \left(\frac{4\pi\epsilon_0 mv^2 b}{zz'e^2}\right)^2}, \quad l = \frac{4\pi\epsilon_0 mv^2 b^2}{zz'e^2}$$

b と θ の関係を求めるため，式 (C.2) で $r \to \infty$ とすると，$\cos\phi = \dfrac{1}{\epsilon}$ が求まる．これより，

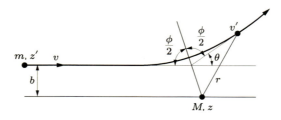

図 C.1　クーロン衝突

以下のように,式 (2.26) が求められる.なお,式 (C.2) の詳しい導出は,文献 [21] や,力学の教科書の中心力場における質点の運動を,参照のこと.

$$\cot\left(\frac{\theta}{2}\right) = \cot\left(\frac{\pi}{2} - \phi\right) = \frac{\sin\phi}{\cos\phi}$$

$$= \frac{\sqrt{1 - \frac{1}{\epsilon^2}}}{\frac{1}{\epsilon}} = \sqrt{\epsilon^2 - 1}$$

$$= \frac{4\pi\epsilon_0 m v^2 b}{zz'e^2} \tag{2.26}$$

これより,式 (C.1) から $\sigma(\theta)$ を求めることができる.

$$\sigma(\theta) = 2\pi b \frac{db}{d\Omega} = \frac{b}{\sin\theta}\left|\frac{db}{d\theta}\right|$$

$$= \frac{1}{4}\left(\frac{zz'e^2}{4\pi\epsilon_0 m v^2}\right)^2 \frac{1}{\sin^4\frac{\theta}{2}}{}^{\dagger 1} \tag{2.29}$$

---

†1 式 (2.26) から $db/d\theta$ を求めると,マイナス符号が出るが,断面積 σ を求めるには本質的なものではなく,絶対値をつけて断面積を考える.

演習問題略解

第1章

1.1 粒子密度 $10^{19}\,\mathrm{cm^{-3}}$ の水素ガスの温度が $0.1\,\mathrm{eV} \sim 1106\,\mathrm{K}$ のとき，電離度 $n_i/n_n \sim 10^{-29}$ とごく小さな値になる．我々人間にとっては，$1000°\mathrm{C}$ の温度というのは非常に高い温度であるが，それでも水素ガスが十分電離するほどではないということである．それでは，同じ水素密度で，温度が $1\,\mathrm{eV} \sim 11{,}604\,\mathrm{K}$ のときの電離度を求めてみると，おおよそ $n_i/n_n \sim 0.027$ となる．水素の電離エネルギー E_I が $13.6\,\mathrm{eV}$ であるため，温度がこの電離エネルギーに近くなってくると，急激に電離する．

1.2, 1.3 付録 A.1 の値を用いよ．

第2章

2.1 酸素分子 O_2 一つの粒子の質量 m はおおよそ $5.35 \times 10^{-26}\,\mathrm{kg}$ である．温度 $27°\mathrm{C}$ は，ケルビンでは $300\,\mathrm{K}$ である．粒子の速さを v_* として，マクスウェル分布関数 (2.12) の中の関数 exp の部分を $\exp(-v_*^2/v_{th}^2)$ とおくと，$v_{th} = \sqrt{2T/m}$ である．$300\,\mathrm{K}$ の温度の酸素分子に対しては，$v_{th} \sim 394\,\mathrm{m/s}$ で，速度ゼロの粒子数の $1/100$ の粒子数に対応する速さでは，$\exp(-A) = 0.01$ である．$v_*^2/v_{th}^2 = A \sim 4.60$ 程度である．すると，v_* はおおよそ $884\,\mathrm{m/s}$ となる．この速さは，時速ではなく秒速である．1秒間に $880\,\mathrm{m}$ 以上の速さで進む粒子が，$27°\mathrm{C}$ の空気中の酸素の中には 1% も存在するということである．それが皮膚にもぶつかっているのである．

第3章

3.1 ラーモア回転運動をする部分を表す量にプライムをつけると，$v_x = v'_x,\ v_y = v'_y + v_y$ となり，これを式 (3.4a) と式 (3.7) に代入する．つぎに，プライムのついた式と，つかない式に分割すると，プライムのついた式は式 (3.4) になり，プライムのつかない式からは式 (3.9) が得られる．

3.2 解図 3.1 のように磁場 B が曲がっている場合，遠心力が解図 3.1 のようにかかる．そのため，プラスのイオンは紙面に垂直に手前にドリフトし，電子は反対方向にドリフトする．

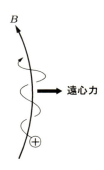

解図 3.1 遠心力によるドリフト
遠心力により遠心力ドリフトが生じる．

第4章

4.1 付録 A.3 のラプラシアンの球座標表示を用いて，

$$\Delta\phi = \frac{1}{r^2}\frac{d}{dr}\left(r^2\frac{d\phi}{dr}\right) = 0$$

$$\therefore \quad \frac{d\phi}{dr} = \frac{C}{r^2}$$

ここで，C は積分定数である．

$$\therefore \quad \phi \propto \frac{1}{r}$$

4.2 マクスウェル方程式の式 (4.5b) を用いる．このとき，定常であるから $\frac{\partial D}{\partial t} = 0$ である．また，無限に長い円筒であるから，

$$\nabla \times \boldsymbol{H} \Longrightarrow \frac{1}{r}\frac{\partial}{\partial r}(rH_\theta) = \begin{cases} j_z & (r \leq a) \\ 0 & (r > a) \end{cases}$$

となることより求めよ．

第5章

5.1 連続の式 (5.1) で，ρ をプラズマの粒子密度 n におき換え，粒子の湧き出しと吸い込みもない $S = 0$ とすると，$\partial n/\partial t + \nabla \cdot n\boldsymbol{v} = 0$ となる．大きさが有限のプラズマ全体に対して，体積積分をする．すると，第2項の積分は，付録 A.2 の（ガウスの定理：$\iiint_V \nabla \cdot \boldsymbol{a}\, dV = \iint_S \boldsymbol{a} \cdot d\boldsymbol{S}$（ここで，$V$ は面 S で囲まれる体積．$d\boldsymbol{S}$ の方向は面 S に垂直で V の外向き．））を用いると，プラズマの外表面に対する積分になる．いまは，プラズマ全体をとり囲む面 S を考えている．そのため，プラズマの外表面を通して粒子は出たり入ったりしないので，第2項はゼロになる．全粒子の数を $N = \iiint_V n\, dV$ とすれば，$\partial N/\partial t = 0$，すなわち，$N$ が一定になり，保存されることがわかる．

5.2 第5章では，プラズマ中の摂動（波）が線形のとき，すなわち，波の振幅が大きくないときを考えた．そのため，フーリエ変換した1成分についてのみ考え，さまざまな波長と振動数の波を足し合わせればよいことになる．プラズマ中には，さまざまな波長と振動数の波が同時にあらわれるものと考えられ，実際には，それらの重ね合わせが，全体の摂動として，プラズマ中にあらわれることになる．また，ある波長と振動数の波があっても，位相の異なる波も同時に存在することもあり得る．それら全体の波が重なって，プラズマの摂動としてあらわれることになることをイメージしてほしい．

第6章

6.1 式 (2.19) を参照して，ヴラソフ方程式を速度で積分する．

6.2 ヴラソフ方程式に $\boldsymbol{v}$ を掛けて速度について積分すると，

$$\frac{\partial n\boldsymbol{v}}{\partial t} + \nabla \cdot (n\langle \boldsymbol{vv}\rangle) = \frac{q}{m}n(\boldsymbol{E}+\boldsymbol{v}\times\boldsymbol{B})$$

を得る．ここで，

$$\nabla \cdot (n\langle \boldsymbol{vv}\rangle) = \frac{1}{m}\nabla P + (\boldsymbol{v}\cdot\nabla)(n\boldsymbol{v}) + n\boldsymbol{v}(\nabla\cdot\boldsymbol{v})$$

となることと，連続の式 (5.1) を用いよ．これらの導出は参考文献 [3] や [7] にも詳しい．

6.3 付録 B.3 を参照せよ．

第 7 章

7.1 式 (6.43) の導出過程を参考にせよ．

7.2 式 (7.45) において，$g = 9.8\,\mathrm{m/s^2}$ であり，$k_x \sim 1/\mathrm{cm} \sim 100/\mathrm{m}$ 程度と考えると，$1/\gamma \sim 0.032\,\mathrm{s}$ 程度と見積もれる．重力場の下では，水と空気（あるいは軽い油）は，あっという間に入れ代わってしまう．

第 8 章

8.1 式 (5.35) に示したように，電磁波であるレーザーは，高い粒子密度で電子が存在する物質の内部には侵入できない．核融合で利用されるような高強度のレーザーは，物質表面をプラズマ化する．その中に多くの電子が存在するため，高密度の物質内部には侵入しない．

8.2 イオンビームは DT 燃料の粒子とクーロン相互作用をする．イオンのエネルギーは式 (2.42) によって減少する．イオンはエネルギーが小さくなると，単位飛距離あたりに与えるエネルギーが増える．そのため，DT 燃料表面から少し内側によりエネルギーを与える．したがって，うまく DT 燃料の構造を設計すれば，式 (8.24) で M を m にくらべて十分大きくすることができ，η を大きくできる可能性がある．

参考文献

▶▶ プラズマについてのわかりやすい入門書
 [1] 後藤憲一：プラズマの世界，講談社 (1968 年).
 [2] F.F.Chen(内田岱二郎 訳)：プラズマ物理入門，丸善 (1977 年).

▶▶ プラズマについての専門的参考書
 [3] D.R. ニコルソン (小笠原正忠，加藤鞆一 訳)：プラズマ物理の基礎，丸善 (1986 年).
 [4] 宮本健郎：核融合のためのプラズマ物理，岩波書店 (1976 年).
 [5] 後藤憲一：プラズマ物理学，共立出版 (1967 年).
 [6] 一丸節夫：プラズマの物理，産業図書 (1981 年).
 [7] 関口忠，一丸節夫：プラズマ物性工学，オーム社 (1969 年)

▶▶ その他のプラズマの参考書
 [8] D.V.Sivukhin: Reviews of Plasma Physics, Vol.1(M.A. Leontovich 編) (1966).
 [9] S.Ichimaru: Basic Principles of Plasma Physics, W. A. Benjamin, Inc. (1973).

▶▶ プラズマの利用に関する参考書
[10] 小林春洋，岡田隆，細川直吉：ドライプロセス応用技術，日刊工業新聞 (1984 年).
[11] 西澤潤一 編：超 LSI 技術 6─半導体プロセス (その 2)，工業調査会 (1982 年).
[12] 吉川庄一：核融合への挑戦，講談社 (1974 年).
[13] 丹生慶四郎，杉浦賢：核融合，共立出版 (1979 年).
[14] 八坂保能：放電プラズマ工学，森北出版 (2007 年).

▶▶ その他の参考書
[15] 川田重夫，松本正己：電磁気学 (シミュレーション物理学 1)，近代科学社 (1990 年).
[16] E. シュポルスキー (玉木英彦 訳)：原子物理学 (1)，東京図書 (1966 年).
[17] Naval Research Laboratory: NRL Plasma Formulary,
     http://www.nrl.navy.mil/ppd/content/nrl-plasma-formulary (2016 年現在)
[18] 砂川重信：理論電磁気学 第 3 版，紀伊國屋書店 (1999 年).
[19] John David Jackson: Classical Electrodynamics 3rd ed., Wiley (1998).
[20] 市村浩：統計力学 (改訂版)，裳華房 (1992 年).
[21] 原島鮮：力学 I，裳華房 (1973 年).
[22] ランダウ，リフシッツ (恒藤敏彦，広重徹 訳)：場の古典論，東京図書 (1978 年).
[23] 丹生慶四郎：流体物理学，共立出版 (1978 年).
[24] D. ハリディ，R. レスニック，J. ウォーカー (野崎光昭 監訳)：物理学の基礎 [3] 電磁気学，培風館 (2002 年).
[25] 原島鮮：力学 II─解析力学─，裳華房 (1973 年).

索　引

▶▶ 英数字

1 個の荷電粒子の運動　24
^{4}He　85
α 粒子　85, 88
Γ　9
$\epsilon(k,\omega)$　41, 44, 57, 59, 61, 63, 70, 73, 74
λ_D　5, 6, 8
λ_e　42, 44
Ω　25, 28
ω_p　58
ω_{pe}　8, 41, 45, 47
ω_{pi}　44
∇B ドリフト　27, 90
BBGKY 階級方程式　54
DT 燃料　92, 93, 94, 112
DT 反応　85, 86, 88
$\boldsymbol{E} \times \boldsymbol{B}$ ドリフト　26, 77, 90
ITER　90
k_D　6
$\ln \Lambda$　21
MHD 方程式　50
N_D　8, 9
W 関数　59
z ピンチプラズマ　75

▶▶ あ　行

圧力勾配　38
安定化　76
イオン音波　44, 73, 74
イオン音波不安定性　73
イオン波　43
イオンビーム　81, 94, 97, 112
イオンプラズマ振動　44
位相空間　52, 54
位相速度　46, 65
ウェットプロセス　80
ヴラソフ方程式　52, 54, 55, 67
運動エネルギー　14, 30

運動方程式　24, 25, 37, 69
運動量保存則　20, 88, 92
エッチング　80
エネルギー保存則　34
円運動　25
遠心力　76
遠心力ドリフト　30, 110
円柱プラズマ　75
オイラー微分　38
温度緩和　22, 23

▶▶ か　行

核分裂生成物　84
核分裂炉　84
核融合　84, 85
核融合反応　86, 87, 88
核融合反応断面積　87
カットオフ周波数　47
慣性核融合　90, 94
間接照射型　94
緩和時間　23
極　59, 102
グラジエント B ドリフト　27, 90
クーロンカップリングパラメータ　9
クーロン衝突　19
クーロン衝突断面積　21
結合エネルギー　84
交換不安定性　76
剛体回転　57
コーシーの積分公式　102
コーシーの積分定理　102

▶▶ さ　行

サイクロトロン運動　25, 26, 28, 89
サイクロトロン角周波数　25
サハ方程式　10
三重水素　85
磁気モーメント　28, 29

磁束　50
質量欠損　85
磁場閉じ込め核融合　89
磁場の凍結　50
遮断周波数　47
集団的ふるまい　2, 3, 4, 6, 8
ジュール熱　90
状態方程式　49
正規分布　22
正則　102
成長率　71, 74, 79
静電波　40, 43, 44, 58
静電ポテンシャル　31, 35
積分路　59, 102, 104, 106, 107
線形化　40, 67, 69
ソーセージ不安定性　74

▶▶た　行
対流項　38, 39
縦波　44, 66, 67, 68
単位テンソル　66
探針法　82
断熱　40, 43
中性子　85, 86, 88
中性粒子ビーム入射 (NBI) 加熱　90
デバイ遮蔽　4, 61, 62, 106
デバイ長　5
デバイ波数　6
デルタ関数　52, 100
電荷密度　18, 48
電磁波　33, 44, 45, 46, 66
電磁場のエネルギー　34
電子プラズマ（角）振動数　8, 41
電子プラズマ波　40, 63
電磁誘導　32
電磁流体力学 (MHD) 方程式　47
電離層　47
トカマク装置　90
特殊相対性理論　24, 85
トーラス磁場配位　89
ドリフト運動　26
ドリフトしたマクスウェル分布　16

▶▶な　行
二重水素　85
二流体不安定性　69, 71, 72
熱核融合　87
熱力学的平衡状態　13

▶▶は　行
波動加熱　90
波動方程式　33
反応断面積　87
反応率　87
非圧縮性流体　78
微分演算子　99
微分可能　102
標準偏差　22
不安定性　69
フェルミ－ディラック分布　13
複素関数論　102
複素積分　106
プラズマ CVD　81
プラズマエッチング　80
プラズマジェット　81
プラズマ振動　6, 7, 40, 61
プラズマの閉じ込め　89, 90
プラズマの分布関数による取り扱い　52
プラズマの流体的取り扱い　37
プラズマプロセス　80
フーリエ変換　41, 43, 45, 57, 61, 62, 64, 66
プレメリの公式　104
プローブ　82
分極ドリフト　27, 28
分散関係　42, 45, 57, 63, 67
分布関数　12, 13, 14
平衡解　55, 56, 57
平衡状態のプラズマ　11
ベクトルポテンシャル　35
ヘリウム　85
変位電流　32
ポアソン方程式　7, 31
ポインティングベクトル　34
放射損失　87
ボーズ－アインシュタイン分布　13

▶▶ ま 行
マクスウェル分布　　13, 14, 15, 16, 17, 18, 22
マクスウェル方程式　　31
マクロな不安定性　　74
ミラー磁場　　30
無衝突ボルツマン方程式　　55

▶▶ や 行
誘電応答関数　　57, 58, 61, 66
誘電テンソル　　66, 68
横波　　44, 46, 67
横波の分散関係　　66

▶▶ ら 行
ラグランジアン　　56
ラグランジュ形式　　37, 38
ラグランジュの運動方程式　　56
ラグランジュ微分　　38
ラプラス逆変換　　60
ラプラス変換　　58, 59
ラーモア回転　　25, 110
ランダウ減衰　　63, 64, 65, 74
ランダウ減衰の物理的意味　　64
力学的平衡　　75
リューヴィユ方程式　　52, 53
留数　　103
留数定理　　102, 103
レーザー核融合　　97
レーザーによる粒子加速　　95
レーリー・テーラー不安定性　　77, 79, 95
連続方程式（連続の式）　　32, 33, 37, 47, 68, 69, 77, 112
ローソン条件　　87, 91
ローレンツ力　　38, 81

著者略歴

川田　重夫（かわた・しげお）
- 1981 年　東京工業大学助手
- 1986 年　長岡技術科学大学助教授
- 1999 年　宇都宮大学教授
　　　　　現在に至る
　　　　　工学博士

編集担当　田中芳実（森北出版）
編集責任　藤原祐介・石田昇司（森北出版）
組　　版　中央印刷
印　　刷　ワコー
製　　本　ワコー

プラズマ入門（第 2 版）　　　　　　　　　　© 川田重夫　2016

2016 年 8 月 31 日　第 2 版第 1 刷発行　　【本書の無断転載を禁ず】
2024 年 8 月 30 日　第 2 版第 2 刷発行

著　者　川田重夫
発行者　森北博巳
発行所　森北出版株式会社
　　　　東京都千代田区富士見 1-4-11（〒102-0071）
　　　　電話 03-3265-8341／FAX 03-3264-8709
　　　　http://www.morikita.co.jp/
　　　　日本書籍出版協会・自然科学書協会　会員
　　　　JCOPY ＜(社)出版者著作権管理機構　委託出版物＞

落丁・乱丁本はお取替えいたします．

Printed in Japan／ISBN978-4-627-77592-3